宇宙に外側はあるか

松原隆彦

光文社新書

プロローグ

なぜ宇宙は存在するのか、と考えたことはありますか。

それはあまりにも途方もない疑問で、考えるだけ時間の無駄と思ってしまうかもしれません。それでも、たいていの人は心の奥底にこの疑問を多かれ少なかれ抱《かか》えているはずです。しかし、考える手がかりすら思いつかない、という人が大多数ではないでしょうか。

現代の宇宙論は、そんな大それた疑問にも科学的な答えを見つけようと、少しずつではありますが歩みを進めています。もちろん、確実な答えが見つかっているわけではありませんが、考える手がかり程度は得られてきた、とは言えると思います。

現代宇宙論における最新の知識をもってこの大きな疑問に真正面から向き合ったとき、そこにはどのような世界観が見えてくるのでしょうか。現代宇宙論の到達点、そしてその先にある未解明の諸問題。本書では、それらに焦点を当ててなるべく平易な言葉で紹介しつつ、なおかつ少し踏み込んだところにまで言及していきます。

現代宇宙論が明らかにしたことの中で最も大きな驚きのひとつは、「宇宙は永遠不変のものではない」という事実です。約１３７億年前に宇宙の始まりがあるという「ビッグバン理論」が確立したことで、このことが明らかになりました。

宇宙に「始まり」があることがわかると、根源的な疑問がたくさん湧いてきます。


「宇宙はどうして始まったのか」

「宇宙が始まる前は何だったのか、宇宙が始まる前の宇宙は宇宙ではないのか」

「宇宙に始まりがあるなら、宇宙に終わりもあるのか」

「宇宙に終わりがあるとすると、宇宙の終わりの後には何があるのか。次の宇宙が始まるのか」

「そもそも、始まったり終わったりするような宇宙はどこに存在するのか。この宇宙よりももっと大きな、何か得体の知れないものの中にこの宇宙があるのか」

このように、疑問が尽きることはありません。

もちろん、今のところはまだこれらの疑問に確実な答えはありません。しかし、現代宇宙論の目覚ましい進展を見ると、こうした疑問にも答えの見つかる日が遠からず来るのではないか、とも思えてきます。

なにしろ、「この宇宙に始まりはあるのか」という、一見途方もない問いにさえ、科学的な答えが見つかりました。そうであれば、さらに大きなこれらの問いに対しても、どんな形であれいつかは必ず答えが見つかる日が来る、と信じて宇宙の探求を続けていく価値が十分にあります。

幸運なことに、現代という時代は宇宙の探求にとっての黄金時代です。宇宙望遠鏡や巨大地上望遠鏡などが次々と建設され、活用されています。これにより、宇宙をこれまでよりもずっと広く、そして深く調べることができるようになりました。今この瞬間にも、私たちが宇宙を見る目は大きく拡大し続けています。そして、以前には知られていなかった新しい宇宙の真実が、怒濤《どとう》のごとく明らかにされ続けています。

しかし、宇宙の真実が明らかになることは、その分だけ謎が少なくなることではありません。むしろその逆です。ひとつの謎が解けると、それはさらなる新しい謎を呼びます。私たちが宇宙について知れば知るほど、謎はどんどん広く深くなっていきます。

昔の人にとっては自分の行動範囲で起きていることが世界のすべてでした。こうした世界に生きていれば、自分の行動範囲の外で起きていることに思い悩むことはあり得ません。外国があることを知らなければ、外国で何が起きているのかと思い煩《わずら》うこともありません。さらに広大な宇宙の存在に気づいていなければ、他の惑星に生命はいるのか、などと疑問に思うこともありません。

読者の中には、

「では、これ以上宇宙について知っていくと、最後には世界がすべて謎だらけになってしまうのではないか」

と危惧《きぐ》する方もいるかもしれません。しかしそれは、はじめから何も知らないよりもはるかに進歩しています。

儒家《じゅか》の始祖である孔子は「知っていることを知っているとし、知らないことは知らないとする。その区別を明確にできることが本当に知るということである」と言っています。また、ギリシャの哲学者ソクラテスは「自分が知らないということを知っているのは、知らないということを知らないよりも優れているのだ」と考えました。事実、何も知らなければ、そこには何の謎も生まれません。

自然を理解するときの進歩はよく、だんだんと膨《ふく》らんでいく球にも例えられます（図1）。球の内部が私たちの理解している範囲です。球の外部はまだ私たちに理解できない未知の領域です。ちょうど球面にあたるところは、私たちの知識のフロンティアです。私たちの理解はそこで未知の領域に接しています。私たちが謎だと思う未知の領域は、この球面付近に限られます。球の外側でも球面から離れたところについては、私たちにはそれが謎であるということさえもわかりません。

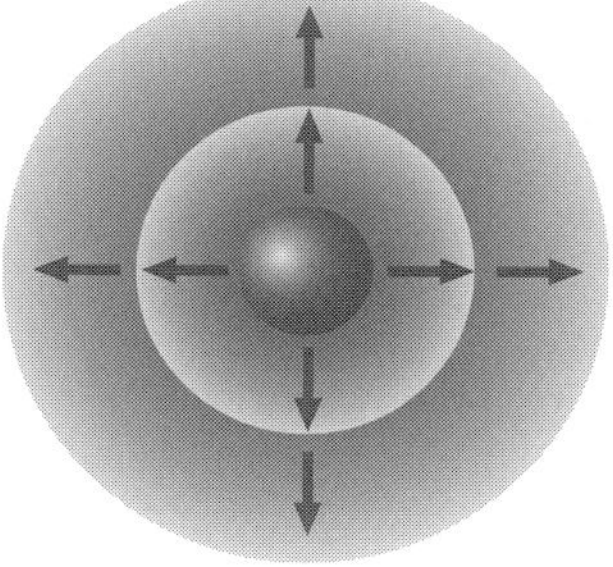

図1　知識の球。球の内部が私たちに理解されている知識の範囲、外部が理解されていない範囲だとすると、私たちが謎だと思う未知の領域は球面のすぐ外側付近に限られる。知識が増えれば増えるほど、未知の領域に接する球面の面積は広くなる。

この図からわかるように、私たちの理解した範囲が大きいほど、未知の領域に接する面が広くなっていきます。この「知識の球」の例えにより、私たちが宇宙について知れば知るほど謎が深まる、ということの意味がわかると思います。謎が深まるということは、裏を返せば私たちの理解した範囲が広がったことを意味します。理解した範囲が広がれば広がるほど、未知のフロンティアも広がっていきます。宇宙についてのそんな未知のフロンティアは、日々広がり続けています。

宇宙の謎を解き明かすための強力な道具が物理学です。もしかすると、読者の中には物理学に対して、無味乾燥なものだ、との印象を抱《いだ》いている人がいるかもしれません。ところがそれは大きな誤解です。現代の物理学は、この世界が想像もできないほど不思議なものであることを、次々と明らかにしてきました。物理学を通してみると、私たちが「常識」だと思っている自然の姿も、実は本当の姿ではなかったりします。

私たちの住んでいるこの宇宙がここに確固として存在している、つまり唯一絶対の存在である、ということは疑いようもなく当たり前のことだと思われるでしょうか。実は、現代の物理学の知識をもってこの宇宙を眺めてみると、そんな基本的なことさえも疑わしくなってきます。

宇宙はもしかするとひとつだけではないかもしれないし、ことによると、その存在自体が私たちの思い描くような確固としたものでなく、ある意味で「幻想」のようなものなのかもしれない、現代物理学の目で見るとそんな可能性があってもおかしくはありません。

もちろん、まだそういった可能性は知識の球の外側に位置していますが、現在の常識的な宇宙の見方がそのまま宇宙の正しい姿を表しているという保証は全くありません。実際に、現代物理学は自然界の見方に対する多くの古い常識を、それまでには予想もできなかった形でひっくり返してきました。

＊　＊　＊

本書では、現代物理学により解明されてきた宇宙の全体像がどのようなものなのか、どこまで解明されていて何がまだわかっていないのか、などを詳しく紹介します。そして将来どのようなことが明らかになりそうなのか、憶測も交えつつ、あえて大胆に推論してみることもします。

宇宙に関する一般書の中には、確実にわかっていることと、まだ仮説にすぎない憶測とが、紛らわしく書かれている場合もあります。本書では、そのようなことのないように気を配ってあります。すでに確立した理論と憶測を含んだ仮説とが明確に区別できるよう、その境界がはっきりとわかるように意識して書きました。

また、宇宙についての知識の球がどこまで広がっていて、その知識のフロンティアにはどんな謎があるのかを具体的に紹介します。その上で、さらにその外側にはどんな世界が広がっているのか、あれこれ想像を働かせてみます。

人間はどこまで宇宙のことを知ることができるのでしょうか。これから、現代宇宙論のフロンティアへと旅立つことにします。

宇宙に外側はあるか

目次

第5章　宇宙に外側はあるか……171

〔第1章〕

初期の宇宙はどこまで解明されているか

1−1　過去の宇宙からのメッセージ

宇宙は今から約137億年前に「ビッグバン」という大爆発によって始まり、その爆発の余勢でずっと膨張し続けています。

なぜ、そんなことがわかるのでしょうか。

それは現代の科学の力にほかなりません。最初の章では、宇宙の始まりへと迫る科学的方法とは何かを説明していきます。それと同時に、宇宙の始まりについて私たちが現在持っている知識の限界も明らかにしたいと思います。

結論を先に言ってしまえば、宇宙の始まりの謎は、宇宙が始まってからの非常に短い時間の中に凝縮しています。それがどういうことなのか、順を追って説明していくことにします。

そこでまずは、時間をさかのぼって宇宙の過去を調べるための方法を見てみましょう。この方法では、時間を軸にして宇宙の姿を考えていくことになります。

過去の宇宙に何が起きたかを調べようと思っても、タイムマシンで過去の宇宙へ戻ってみることはできません。現在の宇宙にしか存在できない私たちにとっては、過去の宇宙の情報を現在の宇宙のどこかからか見つけ出してくる必要があります。

昔の地球に恐竜がいたということは、恐竜の化石を見つけて調べればわかります。化石は過去の地球からのメッセージです。同様に、宇宙の中にも昔の宇宙の姿を垣間《かいま》見せてくれる化石のような痕跡を見つけることができれば、宇宙の過去に何が起きたのかを調べることが可能になるわけです。

宇宙における化石にあたるものには、これから詳しく説明するように、いくつかの種類があります。それらのものはすべて、過去の宇宙からのメッセージとなります。このメッセージは、恐竜の化石ほどにはわかりやすい形をしていません。いわばそれは〝暗号〟で書かれています。この暗号を解読するためには、物理学の理論が必要になります。

暗号で書かれた過去の宇宙からのメッセージをどうやって解読するのか、以下に順を追って見ていきます。

1－2　宇宙観測は天然のタイムマシン

過去の宇宙からのメッセージを解読するにあたって、まず押さえておかなければならない大事なことがあります。それは、ある程度までは過去の宇宙の姿を直接的に見ることができる、ということです。これはどういうことでしょうか。

宇宙からの情報は、光や電波などの形で波としてやってきます。光や電波というのは、どちらも「電磁波」の一種です。みなさんも静電気や磁石の力を感じたことがあると思います。この2種類の力に関係する波が真空中を伝わっているのが、光や電波です。すなわち、光も電波もその素性は同じということです。ただ、その波の長さ、つまり波長が違うというだけです。

光も電波も、秒速約30万キロメートルという猛スピードで真空中を突っ走ります。30万キロメートルといえば、これは地球7周半分の長さをまっすぐに伸ばした距離で、そんな長大な距離を1秒間で通り過ぎてしまうわけです。私たちの日常的な感覚では、このスピードは無限に速いとも思えるほどです。

でも、大きな宇宙の中で考えると、地球の大きさなど取るに足りません。地球から太陽まで進むには、そんな猛スピードの光でも8分あまりかかります。ということは当然、今見ている太陽の姿は8分あまり前の姿です。宇宙はさらに広大です。地球から太陽の隣の恒星であるプロキシマ星までは光のスピードで4年あまりもかかります。さらに地球から天の川銀

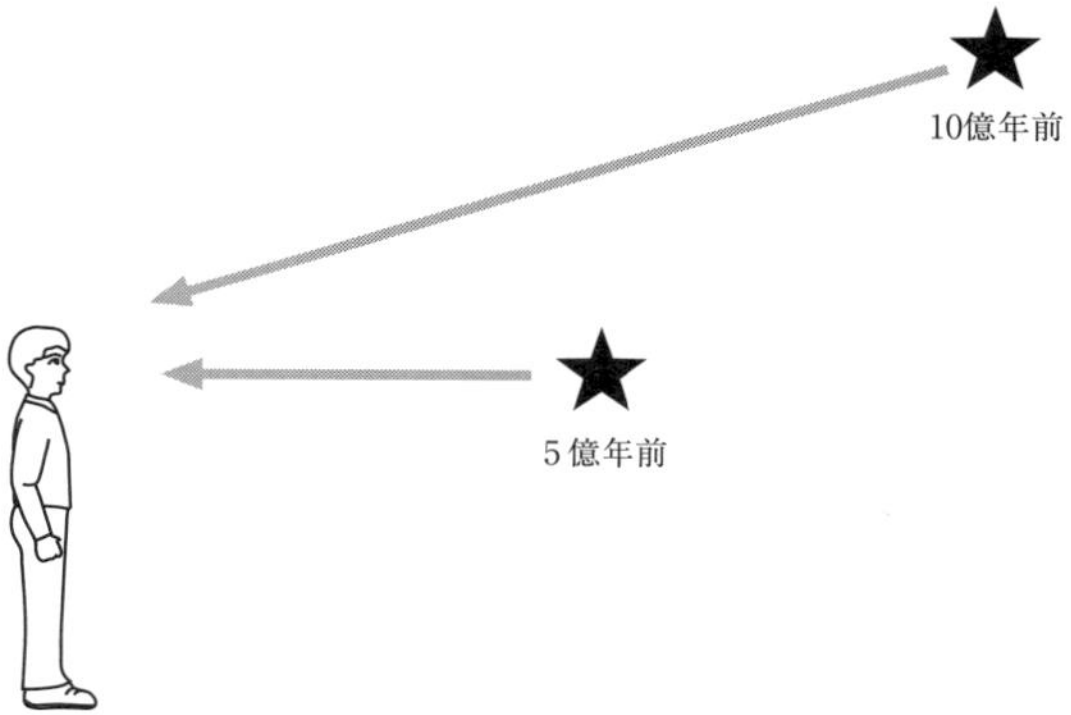

図２　天然のタイムマシン。光には速さがあるので、遠くの宇宙を見ると、過去の宇宙が見える。

河系の端《はし》までとなると、なんと10万年ほどもかかるのです。

宇宙論で問題にするのは、これよりももっと大きな世界です。宇宙空間には無数の銀河が浮かんでいます。そういう世界からやってくる光は、私たちのところまで来るのにはるか何千万年、何億年、さらには何十億年もかかっています。

より遠くの宇宙を見るということは、より過去の宇宙を見ることに等しくなります。遠くを見ることで過去の宇宙の姿が直接的に見られるわけです。実際に自分たちが過去に戻るわけではありませんが、過去を観察できるという意味では、一種のタイムマシンです。ここではそれを「天然のタイムマシン」と言っておきましょう（図2、25ページ）。

天然のタイムマシンを使えば、宇宙の姿がどのように変化してきたのか、つぶさに観察することができます。近くを見れば、現在に近い宇宙が見え、ずっと遠くを見れば、ずっと過去の宇宙が見え、その中間を見れば、中間の時代の宇宙が見えます。このように、宇宙では距離と時間が対応しています。こうして宇宙の歴史を観測できることになります。

それでは、宇宙の最遠部を見れば宇宙の始まりの瞬間が見えるのでしょうか。

残念ですが、遠くからやってくる光をいくら見ても、宇宙の始まりの瞬間を見ることはできません。なぜなら、宇宙を昔にさかのぼっていくと、光が物質に邪魔されて、まっすぐ進めない時代に到達してしまうからです。その先は曇りガラスを見ているようなものです。光はやってくるのですが、その先がどんな状態かはよくわかりません。つまり、光で見ることのできる過去は、光がまっすぐ進めるようになった後だけです。

それがいつのことかというと、宇宙が始まってから約38万年後、つまり宇宙が約38万歳だった頃のことです。現在の宇宙はそれから１３７億年ほど経《た》っていますから、それに比べると38万歳というのはずいぶん若い宇宙です。この時点で宇宙に満ちあふれていた光は、それ以降はそのまま宇宙をまっすぐに進みます。この約38万歳の宇宙から直接やってくる光は、実際に観測されています。それが「宇宙マイクロ波背景放射」と呼ばれるものです。

１－３　劇的だった宇宙マイクロ波背景放射の発見

この宇宙マイクロ波背景放射が実際に発見されたのは１９６５年のことでした。発見したのは、当時アメリカのベル研究所にいたアルノ・ペンジアスとロバート・ウィルソンです。彼らは、はじめからこの発見を目指していたわけではありませんでした。当初は電波を使って天体観測をしようとしていたのですが、観測用の検出器からどうしてもノイズ（雑音）が取り除けなくて困っていました。ところが、結局それはノイズではなく、宇宙の奥深くからやってくる信号、すなわち宇宙マイクロ波背景放射であったことが判明します。彼らはその功績により、１９７８年のノーベル物理学賞に輝きました。

宇宙マイクロ波背景放射は、私たちが捉えることのできる最古の光であると同時に、この宇宙に始まりがあったという強力な証拠です。なぜなら、ビッグバン理論では熱い火の玉のような状態から宇宙が始まったとされ、その火の玉のような状態には光が満ちあふれていたからです。この後すぐに説明するように、この光が宇宙マイクロ波背景放射の起源です。そして宇宙に始まりがあると考えるビッグバン宇宙論だけが、この宇宙マイクロ波背景放射を自然に説明できます。

実際、彼らの発見よりも前から、ビッグバン理論が正しければ宇宙マイクロ波背景放射が存在するであろう、そしてそれはいつか観測されるであろう、と予言されていました。でも、宇宙に始まりがあるという不愉快さからか、当時ビッグバン宇宙論はそれほどポピュラーな理論ではありませんでした。ペンジアスとウィルソンも、当時の多くの天文学者同様、はじめはビッグバン理論についてよく知らなかったのです。しかし、宇宙マイクロ波背景放射が実際に観測されたことによって、宇宙に始まりがあると考えるビッグバン宇宙論の正しさが証明されることになりました。

この宇宙マイクロ波背景放射は、宇宙論全体にとっても、とても重要なものです。この後の話にもたびたび出てくる大事な予備知識なので、それがどういうものなのか、その物理的原理を少しだけ説明しておきましょう（もし難しく感じられるところがあれば、そのようなところは読み飛ばしていただいても差し支えありません）。

１－４　宇宙が晴れ上がると光はまっすぐ進む

宇宙マイクロ波背景放射はもともと、宇宙が今よりもずっと小さかった38万歳の頃に、宇宙全体に満ちた光として生まれました。もし私たちがその当時に行ってこの光を見ることができたなら、それは白熱電球のような黄色っぽい色に見えるはずだと計算されています。

でも、その小さかった宇宙は膨張して、現在までに大きさが約１１００倍になります。すると、空間を伝わっている波の波長も、その膨張した割合と同じだけ引き伸ばされてしまいます。つまり波長も約１１００倍になります。光は電磁波の一種であり、光の波長が１１００倍になると、それは電波と呼ばれる種類の電磁波に変化します。このため、宇宙マイクロ波背景放射は電波として観測されるというわけです。

光や電波を使った天然のタイムマシンでは、宇宙マイクロ波背景放射が生まれた38万歳よりも昔の宇宙を見ることはできません。前述したように、その時代には光がまっすぐ進めないからです。

宇宙の最初期では、宇宙の中にある物質の密度や温度が高く、物質はいわゆるプラズマの

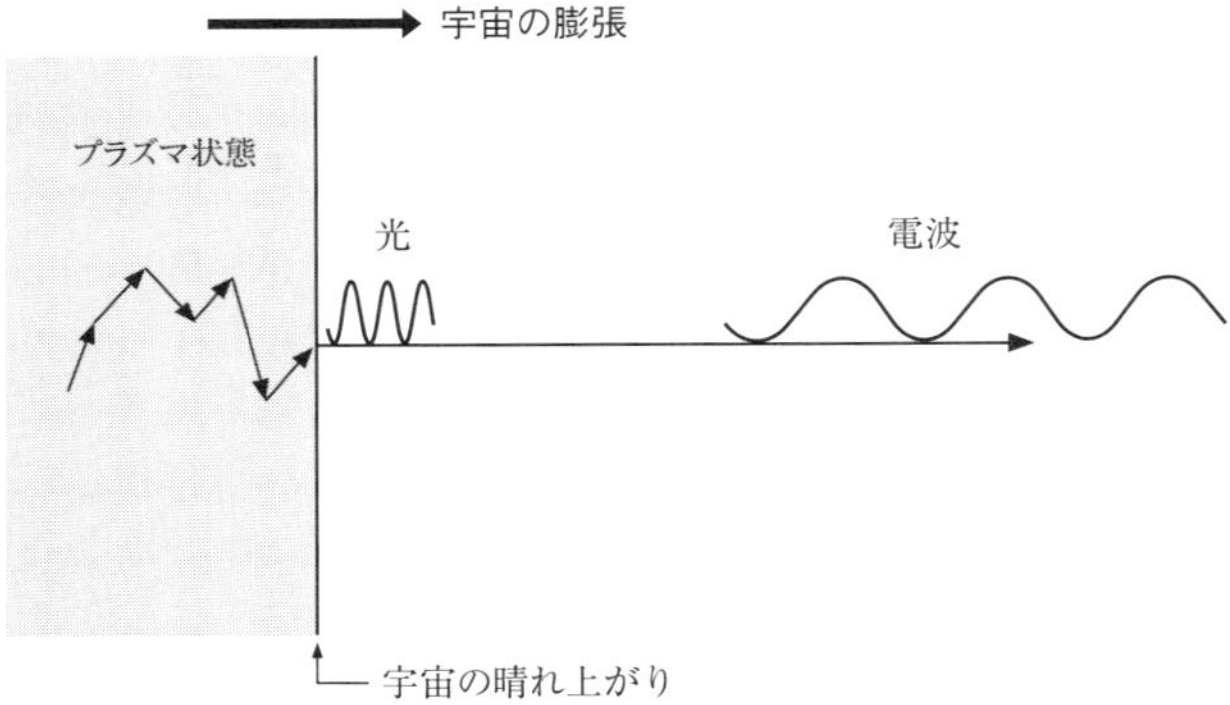

図３　宇宙マイクロ波背景放射の原理。宇宙の晴れ上がり以降、電磁波はまっすぐ進めるようになり、宇宙膨張とともに波長が伸びて私たちのところに届く。

状態になっています。プラズマ状態とは、原子から電子が引きはがされた状態になっていることを言います。みなさんの中にはプラズマテレビを持っている人もいるかもしれません。そのディスプレイの中は、このプラズマの状態になっています。

宇宙初期のプラズマ状態では、光は物質に行く手を阻まれてまっすぐ進めません。原子から引きはがされた電子が宇宙空間を漂っていて、そのような電子は空間を進む光を遮ってしまいます。

その後、宇宙の膨張によって温度や密度が下がると、原子が中性化し、電子は原子の中に捕らえられてプラズマ状態ではなくなります。このとき、宇宙空間を漂う電子の数が急激に減少し、光の進路を邪魔するものがなくなります。

これはちょうど、曇り空が急に晴れ上がったようなものです。曇り空では太陽の光が雲の中をまっすぐ進めませんが、晴れ上がるとまっすぐ進めるようになります。宇宙の中で光がまっすぐ進めるようになった、この出来事を「宇宙の晴れ上がり」と言います。宇宙年齢が38万歳のとき、それまで曇っていた宇宙がスカッと晴れ上がったということになります（図3）。

このとき宇宙全体に満ちていた光は、それ以降まっすぐに進むようになります。そして長い長い旅をしているうちに電波に姿を変え、ようやく私たちのところにまで届いて、宇宙マイクロ波背景放射として観測されるわけです。よくこんなところまでやってきてくれた、ご苦労さん、と言いたくなります。

1－5　温度ゆらぎを物理学で解読する

光を使った天然のタイムマシンにより、宇宙の晴れ上がり時点まで見ることができると説明しました。もちろんそれはまだ、宇宙の始まりそのものではありません。それでも、現在の宇宙年齢に比べると、１３７億年分の38万年という割合ですから、かなり近づいてはいます。

これだけ宇宙が若いと、宇宙が始まった直後の状態の痕跡を比較的多くとどめています。晴れ上がり時の宇宙の姿を物理学で解読し、宇宙の始まりについて推測することは、現在の宇宙論の研究においては主要な方法のひとつです。というのも、宇宙マイクロ波背景放射の観測が、長足の進歩を遂げているからです。

ここで、その解読がどのように行われているのか、そのさわりを述べておきましょう。

宇宙マイクロ波背景放射は、空のあらゆる方向からやってきます。その電波はどの方向からも完璧に同じようにやってくるわけではありません。やってくる方向によって少しだけ異なる、つまり「ゆらいで」います。これを「温度ゆらぎ」といいます。

なぜここで温度が出てきたのでしょうか？　それは、宇宙の晴れ上がり時に、宇宙全体の温度が摂氏約３０００度だったことと関係しています。

物理学によると、一定の温度を持つ物体からは、その温度に対応した電磁波が放射されます。鉄を熱すると赤く光りだしたりするのも、この原理です。冷えた鉄からも電磁波が放射されていますが、それは目に見えない赤外線です。熱することで、目に見える電磁波、つまり光が放射するようになります。

宇宙の晴れ上がり時点において、宇宙マイクロ波背景放射は、摂氏約３０００度の温度を持つ物体から出る放射と同じであることがわかっています。これは、さきほど述べた白熱電球のような色をした光です。しかし、光の波長は現在までに約１１００倍に伸ばされて電波になります。波長と温度は反比例します。波長が伸びれば伸びるほど、対応する温度は下がっていきます。こうして宇宙マイクロ波背景放射の温度は現在までに絶対温度にして２・７ケルビンほどに下がってしまいます。絶対温度２・７ケルビンとは、摂氏にすればマイナス２７０度程度のごく低温です。

つまり、観測される宇宙マイクロ波背景放射は２・７ケルビンの温度を持つ電波です。そしてどの方向からもほとんど同じ温度でやってきます。ただしそれは、完璧に同じ温度ではあり得ません。それは次の理由によります。

晴れ上がり時の宇宙の状態は、宇宙のどこでも完全に同じというわけではありませんでした。もしどこでも完全に同じ状態で何の特徴もない宇宙だったなら、その後もずっと宇宙には何の特徴も生まれません。それは星や銀河などの天体が作られないことを意味します。天体が作られなければ、私たち人間も生まれることがなくなってしまいます。

したがって、宇宙の晴れ上がり時にも少しは密度の濃淡、つまり「密度ゆらぎ」が必要です。少しの密度ゆらぎがあれば、それを種にして現在までに構造が作られることがわかっています。

宇宙初期にわずかな密度ゆらぎがあれば、そのゆらぎは宇宙マイクロ波背景放射の温度にも現れるはずです。宇宙マイクロ波背景放射は四方八方からやってきますが、やってくる方向によって、わずかながら温度が異なるという現象を観測するはずです。これが宇宙マイクロ波背景放射の温度ゆらぎです。

1－6　難しかった温度ゆらぎの観測

この温度ゆらぎの観測は容易ではありません。なぜなら、そのゆらぎは約10万分の1という途方もなく小さい割合だからです。2・7ケルビンの温度に対して、0・00003ケルビンほど温度が高い方向と低い方向があるというような微妙なものです。この割合はちょうど、深さ100メートルの海の表面に1ミリメートルほどのさざ波が立っているようなものです。

観測衛星ＣＯＢＥにより、初めて宇宙初期に起源を持つ温度ゆらぎが見つかったのは、宇宙マイクロ波背景放射の発見から27年経った１９９２年になってからのことでした。この観測チームを率いたジョージ・スムートとジョン・マザーの２人は、２００６年のノーベル物理学賞に輝いています。ＣＯＢＥ以後も現在に至るまで、宇宙マイクロ波背景放射のさらに詳細な性質を観測する競争が、世界中で繰り広げられています。

宇宙マイクロ波背景放射に含まれる温度ゆらぎなどの性質は、宇宙がその初期にどのようであったかによって大きく異なります。この因果関係は物理学によって明らかにされているので、温度ゆらぎの観測をすると、宇宙の初期に何が起きたのかを知る手がかりが得られます。特に、宇宙初期に密度ゆらぎがどうして発生したのかという問題にはまだ不明な点が多く、初期の密度ゆらぎの性質を観測で詳細に解明できれば、宇宙構造全体の起源にも迫ることができるようになります。

１－７　宇宙が38万歳だったときの姿

図４はＷＭＡＰという観測衛星によって得られた、宇宙マイクロ波背景放射の温度ゆらぎ

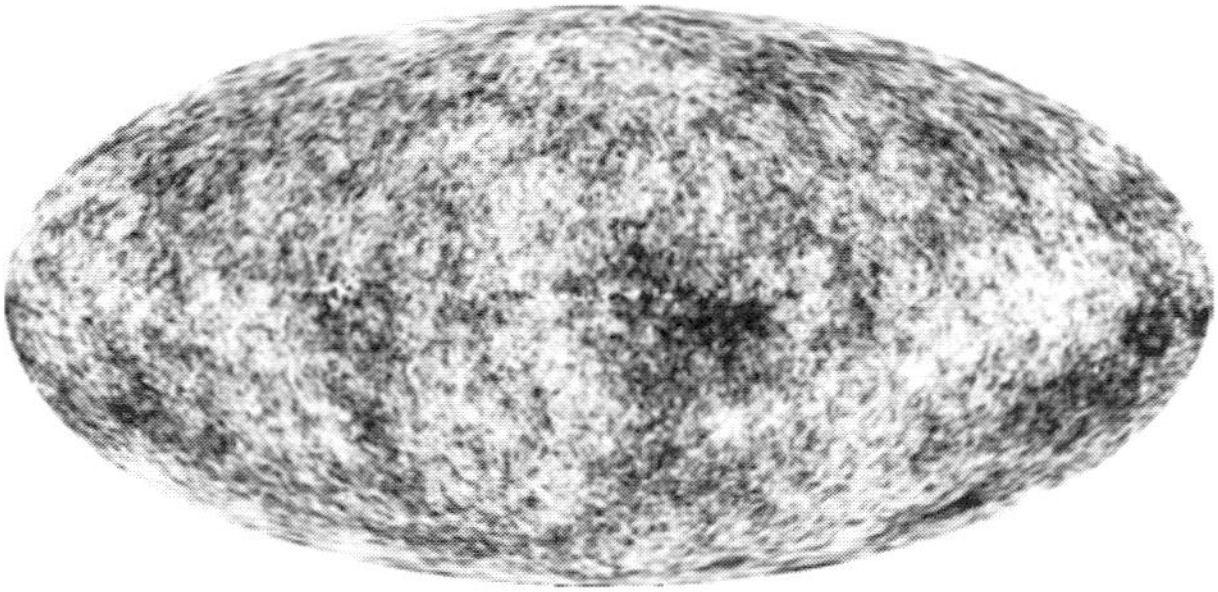

資料：WMAP/NASA

図４　WMAP衛星により観測された宇宙マイクロ波背景放射の温度ゆらぎ

を表す最新の全天地図です。わずかな温度の違いが強調されて、はっきりとしたむらで表されています。

宇宙マイクロ波背景放射は、宇宙の晴れ上がり時に出発した光がまっすぐ私たちのところへやってきたものなので、私たちから見れば、出発した場所までの距離はほぼ一定です。つまり、その距離を半径とする球面上の状態が温度ゆらぎの地図に表れていて、それは宇宙の晴れ上がり時の状態を反映していることになります。

温度ゆらぎの主な原因は、晴れ上がり時の密度ゆらぎにあります。とはいえ、そのときの密度ゆらぎと、宇宙マイクロ波背景放射の温度ゆらぎは、単純に比例するわけではありません。また、晴れ上がり時に出発した放射が私たちのところへやってくる途中、その道筋にある宇宙の構造によってもその温度は変化します。

実際に観測されている温度ゆらぎには、様々な物理効果が組み合わさって寄与しています。そのメカニズムをすべて説明すると長くなるのでここでは省略しますが、その物理効果は理論的に解明されている、ということだけを知っておいてください。そして、観測量を注意深く分析することにより、個別の物理効果をある程度分離して調べることが可能になっています。このため、温度ゆらぎの地図を解析すると、晴れ上がり時の宇宙の状態のみならず、その前の状態や、その後にできた宇宙構造についてまでも知ることができます。つまり、初期の宇宙からやってくる温度ゆらぎという暗号を、物理学によって解読することができるというわけです。

現在では、宇宙を構成する成分が驚くほど正確に求められています。それは様々な宇宙観測の進歩の結果ですが、その中でも宇宙マイクロ波背景放射は大きな役割を果たしました。将来的には、さらに精度よく宇宙マイクロ波背景放射を観測する別の計画も多数あります。温度ゆらぎだけでなく、「偏光」という性質（目には見えませんが、光や電波は偏りという性質を持っています）を観測すると、さらに詳しい宇宙の性質が調べられます。今後のさらなる展開も期待されています。

宇宙マイクロ波背景放射は天然のタイムマシンとして、宇宙の晴れ上がりの時点にまでさかのぼるのに使うことができました。しかしそれより昔を見ようと思ったら、光や電波などの電磁波ではできません。何か物質に邪魔されずにまっすぐ進む別のものが必要です。

さて、そんな都合のよいものがあるのでしょうか。

それが実はあるのです。私たちにはまだ検出する技術がないのですが、将来的に検出可能になるかもしれないものが2つ。それは「ニュートリノ」と「重力波」です。

1―8 初期の宇宙をニュートリノで探れるか

ニュートリノという言葉をどこかで聞いたことがありませんか。そうです、2002年にノーベル物理学賞を受賞した小柴昌俊の研究によって有名になりました。しかし、それがどういうものなのか、ピンとくる人は少ないかもしれません。なぜって、ニュートリノは私たちの目には見えませんから。

ニュートリノは、「幽霊粒子」とも呼ばれているくらいの捕らえにくい粒子です。小柴がノーベル賞を受賞できたのも、そんな捕らえにくいものを捕らえてしまったからこそのことです。小柴の率いた研究グループは、私たちの天の川銀河系の隣にある大マゼラン銀河の中で起きた、超新星爆発によって発生したニュートリノを捕らえました。超新星爆発とは、大きな星がその進化の最後に壮絶な爆発を起こす現象です。超新星爆発で発生するニュートリノはとても数が多くてエネルギーも高いので、地球上でもかろうじて捕まえることが可能でした。

宇宙の初期にも大量のニュートリノが発生します。それは宇宙マイクロ波背景放射と同じように宇宙に充満しています。これを「宇宙背景ニュートリノ」といいます。いまも私たちの周りには、このようなニュートリノが角砂糖ほどの大きさの体積あたり３００個あまりの割合で存在しています。

しかし、私たちにはそれを感じることは全くできません。なぜなら、ニュートリノは幽霊のように物質をすり抜けてしまうからです。いまこの本を読んでいる間にも、あなたの体を無数のニュートリノが突き抜けています。でも痛くも痒《かゆ》くもないと思います。それもそのはず、ニュートリノは周囲にほとんど何の痕跡も残さずに走り抜けてしまうという性質を持っているからです。

でも、大量のニュートリノが走り抜けていく中には、ごくまれに痕跡を残していくニュートリノもあります。ニュートリノの数やエネルギーが大きければ大きいほど、痕跡を残す確率も大きくなります。実は太陽からも大量のニュートリノが放出されていて、それはときたま地球上の検出器に痕跡を残します。すなわち、私たちの持っている現在の技術でも、太陽からのニュートリノは検出することができます。しかし宇宙初期に発生したニュートリノはエネルギーが低すぎて、現在の技術で検出するのは困難です。

宇宙背景ニュートリノは、宇宙が始まってから約1秒後に発生したはず、ということが理論的に示されています。宇宙の晴れ上がりが約38万年後ですから、それに比べればはるかに宇宙の始まりに近い時刻です。宇宙マイクロ波背景放射の観測により、宇宙の誕生後38万年の姿を見ただけでも、宇宙の秘密がかなりわかるようになったことは前述の通りです。したがって、もし宇宙の誕生後1秒の姿を見られるようになれば、宇宙初期に実際に何が起きていたのかなど、計り知れないほどの宇宙の秘密が明らかにされると考えられます。

残念ながら、現在の技術で宇宙背景ニュートリノを検出することはできていませんが、そんな技術も将来可能になるかもしれません。

1－9　初期の宇宙を重力波で探れるか

一方、重力波とは何でしょうか。ニュートンは、すべての物体に引力が働くということ、すなわち万有引力の法則を発見しました。この力が重力です。さらにアインシュタインは、一般相対性理論を発見することによって、重力が時空間のゆがみから説明できることを明らかにしました。そしてこの時空間のゆがみは波となって空間を伝わることができる、ということを予言しました。この理論上の波のことを「重力波」といいます（図5）。

そんな不思議な波を捕らえることができるのでしょうか。

重力波は、一般相対性理論が正しければ必ず存在すると予言されていますが、いまだか

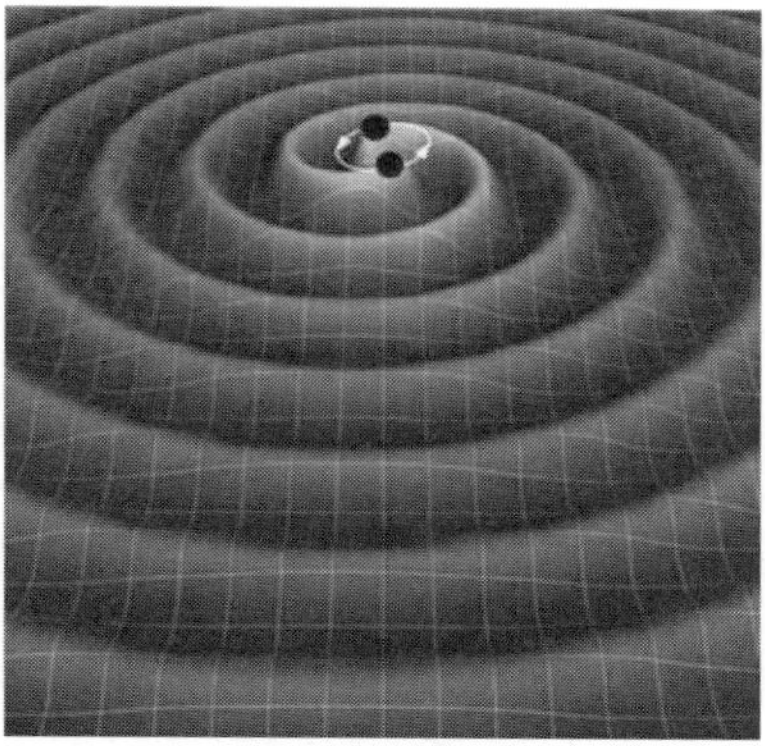

資料：T. Carnahan（NASA GSFC）

図５　重力波のイメージ図。2つの重い星がお互いに回転しているとき、そこから空間のゆがみが波となって周囲に伝わる様子を表している。

って実際にそれを捕らえて存在を証明した人はいません。その理由は、重力波が存在するとしても、それがあまりにも弱い波であるため、捕らえるのが容易ではないからです。

重力というのは、他の力に比べるとはるかに弱い力です。というと、いや、そんなはずはない、と思われる方も多いかもしれません。私たちにとって重力とは、一番身近に感じられる力なので、強いものなのではないか、と。でもそれは、地球というとても重い物体が関与しているからです。例えば、1トンの物体2つを1メートル離して置いたとき、その間に働く重力は、地上で7ミリグラムの物体が地球に引っ張られる重力と同じぐらいになります。重力はそれほどに弱い力です。

重力というのはこれほど弱いものなので、その時空間のゆがみというのも、とても小さいものです。重力波を捕らえるには、この小さい時空間のゆがみを直接測らなければなりません。これがとても難しいのです。

重力波を捕らえようという実験は、今この瞬間にも世界中で行われていますが、今のところまだ捕らえられていません。現在地球上にある検出器の感度では足りないのです。さらに感度を上げるべく、将来に向けた実験も多数計画されています。重力波を検出できるようになると、人類は宇宙に向けた新しい目を持つことになります。

重力波は天体現象などからも発生しますが、宇宙初期にも発生している可能性があります。それは宇宙マイクロ波背景放射や宇宙背景ニュートリノの発生よりもはるかに初期、例えば宇宙が始まってから１兆分の１の１兆分の１の、そのまた１兆分の１秒などといった、桁外《けたはず》れに早い時期に発生するかもしれない、と考えられています。これを「宇宙背景重力波」といいます。

しかし、それはあまりに初期の宇宙なので、そのときの宇宙がどのようなものだったのか、理論的にはっきりとは解明されていません。このため、宇宙背景重力波が実際にあるのか、あったとしてもどのくらいの強さなのか、などといった基本的なことが確実に予言されているわけではありません。

後に述べるインフレーション理論が正しければ、宇宙の初期に起きたとされる急激な膨張期に、重力波が発生する可能性があります。ただ、今のところは理論に不定性があるため、具体的にどのような重力波が発生しているのか、確実なことはよくわかっていません。

しかし、もし宇宙背景重力波が実際に検出されたとすると、そのような宇宙の初期に何があったのかを観測から調べられるようになります。そのとき、天然のタイムマシンは宇宙の未知の領域に分け入ることになります。そのような時代が近い将来に果たしてやってくるのでしょうか。そんなこともあながち夢物語ではないかもしれません。楽しみです。

1―10　物質を形作る元素はいつできたのか

さて、初期の宇宙を電磁波で直接的に見ようと思ったら、晴れ上がり時までが限度だということを述べてきました。では、電磁波以外の手段が使えない今の私たちには、それより以前の宇宙がどのようなものかを実験や観測で探ることはできないのでしょうか。いいえ、そんなことはありません。

天然のタイムマシンが使えないとき、はるかな過去を観測的に知る方法はひとつ。考古学の手法を使うことです。つまり、現在に残る過去の痕跡を調べればよいのです。その痕跡のひとつとして、宇宙にある元素の種類と量を使う方法があります。

みなさんもご承知のように、私たちの体をはじめとして、身の回りになじみのある物質はすべて、なんらかの元素からできています。元素とは、水素（H）、ヘリウム（He）、リチウム（Li）、ベリリウム（Be）、ホウ素（B）、炭素（C）、窒素（N）、酸素（O）、などと続く、化学の周期律表に出てくる物質のことです。「水兵リーベ僕の船……」、と化学の授業で習った記憶のある方も多いでしょう。

元素という名前はもともと、それ以上分解できない要素となる物質、という意味です。私たちが身の回りで目にする物質は、いろいろな元素やその化合物で成り立っています。例えば水はH_2Oと書かれる通り、水素と酸素の化合物です。空気は窒素分子N_2と酸素分子O_2などが混ざった気体です。私たちを含む生命にとって、炭素は重要な元素です。炭素があるおかげで高度な生命活動ができるといっても過言ではありません。

では、これらの元素はいったいどこから来ているのかと考えたことはあるでしょうか。なぜ、このように多様な元素ができたのでしょうか。それがわかれば、この世界の謎が少し解けることになります。

驚かれるかもしれませんが、ビッグバン宇宙論を使うと、この謎をほぼ解くことができます。

これら多様な元素は、宇宙のはじめから存在していたわけではありません。現代物理学では、元素といえども、それ以上分解できない粒子ではありません。元素はさらに小さな素粒子に分解できます。宇宙のはじめには、そういう素粒子しか存在していませんでした。宇宙が膨張して進化する過程で、素粒子を材料にして元素が作られます。それは宇宙が始まってからわずか数分間の出来事でした。

ビッグバン宇宙論に基づいて計算すると、宇宙の初期にどのような元素がどのくらいの比率でできるのかを正確に計算できます。そのような研究は、ジョージ・ガモフがビッグバン宇宙論を創始したときからすでに始められていました。日本でも、京都大学の林忠四郎たちによる先駆的な研究があります。

宇宙が始まってから数分間で初期の元素が作られますが、そのときの元素の種類は主に水素とヘリウムでした。その他の元素はごく微量だけしか作られませんでした。水素やヘリウム以外の元素は初期の宇宙にはほとんどなかったことになります。現在の宇宙にはもっと多様な元素がありますが、それらは水素とヘリウムを原材料として、ずっと後の時代に星の中で作られてきたことがわかっています。

ビッグバンによって水素やヘリウムを中心とする簡単な元素が実際にできたことを確かめるには、まだ宇宙の初期の状態をとどめている場所を探して、そこにある元素の種類と量を調べる必要があります。星の中で作られた重い元素は超新星爆発などによって宇宙空間にばらまかれるため、その付近の宇宙空間は重い元素で汚染されます。そのような汚染の進んでいない宇宙の場所を探すことにより、宇宙初期の状態を推定します。

そのような場所を実際に調べてみると、まさにビッグバン宇宙論で計算される初期の元素の比率が観測されます。これはビッグバンがあったという証拠にもなりますが、さらに重要なことがあります。

その重要なこととは、ビッグバンで作られる元素の相対的な存在比率と元素全体の総量に関係があり、その関係を理論的に計算できることです。つまり、元素の相対的な存在比率を調べることで、この宇宙に総量としてどれくらいの元素が存在しているのかを推定できるようになります。昔の宇宙の痕跡を探して宇宙全体を調べる、まさに宇宙の考古学といえる方法です。

この結果、この宇宙の中にある物質の量を元素だけで説明できないこともわかってきました。私たちのよく知っている物質である元素よりも、さらにずっと多い量の物質やエネルギーが、この宇宙には満ちあふれています。これらは「ダークマター」および「ダークエネルギー」と呼ばれる謎の成分です。このことについては第４章で詳しく説明します。

1-11　さらなる初期の宇宙へ向かって歩を進める

元素ができる前の宇宙に何があったのか、観測的に調べるのは難しいことです。先に述べたように、初期の宇宙からやってくるニュートリノや重力波を捕らえられれば、そんなことも可能になるかもしれません。しかし現在のところ、私たちの持っている技術には限界があります。

観測的に技術的な限界がある中で初期の宇宙の状態を知るためには、理論の力がものを言います。前節で述べた宇宙初期にできる元素の計算も、原子核物理学などの確立した理論を使って求められたものです。その理論的な結論が観測をよく説明できるので、私たちには間違った計算をしていないという自信があります。さらに初期の状態についても、正しさの確立した理論を使って計算していけば、それほど大きく間違うことはないはずです。この方法で、宇宙が始まってから約1兆分の1秒後の時点までさかのぼることができます。

それほど初期の宇宙まで理論的に調べられるというのは驚きです。そこで何が起きていたのかを詳述すると、読者にとってなじみの薄いかもしれない素粒子の話が続くことになるため、ここでは要点だけを簡単に述べておきましょう。

物理学の理論によると、初期の宇宙はとても温度が高く、すべての物質はバラバラに分解されてしまっていることがわかっています。これは、前述したプラズマ状態よりもさらにバラバラになった状態です。つまり、物質はそれ以上分解できないクォークや電子などの素粒子として、宇宙空間を飛び交っている状態から始まるというわけです。これが先ほど述べた、宇宙が始まってから約１兆分の１秒後の時点です。そして、宇宙が膨張して温度が下がってくると、徐々に素粒子が結合していきます。これにはいくつかの段階があります。

元素は原子を単位に成り立っていて、原子は原子核の周りを電子が取り巻いているものです。原子核は陽子と中性子で成り立っていて、さらに陽子と中性子はクォークで成り立っています（図６、50ページ）。

ごく初期の宇宙では、最初はクォークや電子、その他の素粒子がバラバラに飛び交っています。宇宙の始まりから約10万分の１秒後、クォークが３つ結合して陽子や中性子になります。その約１分後、先ほど述べた元素の合成が始まります。陽子１つが単独でとり残されると、そのまま水素原子核になります。陽子２つと中性子２つが結合するとヘリウム原子核になります（図６）。これ以外の原子核も微量ながら作られます。こうして宇宙初期の元素が

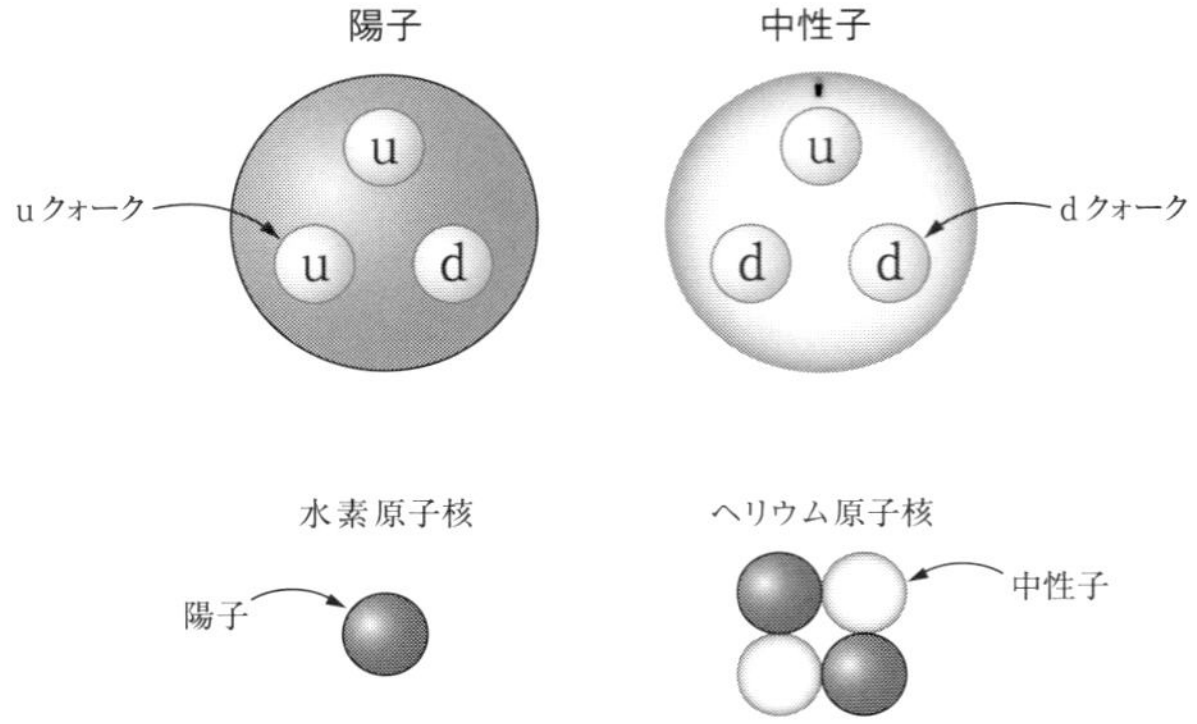

図6　原子核の中にある陽子や中性子は、uクォークとdクォークで成り立っている。陽子1つはそのまま水素原子核である。その他の原子核は陽子と中性子が結合してできている。

形作られることになります。

このように、物理学の理論を使うと、宇宙が始まってから約1兆分の1秒後の時点までさかのぼって理解することができます。その時点より以降の宇宙の状態がどうなっていたのかは、かなり確実に推測することができています。しかし、それはまだ宇宙の本当の始まりではありません。

この先にまで時間をさかのぼると、温度が極限まで高くなっていきます。あまり温度が高くなると、正しさの確立している物理学理論で記述できる領域を超えてしまいます。

そこでは、私たちにはまだ未知の物理学が宇宙を支配しています。宇宙が始まってからわずか1兆分の1秒間など、宇宙の歴史からすれば無視できるほど短い時間です。しかし、宇宙の始まりの謎はこの短い時間の中に凝縮されています。この間に何か未知のことが起きて、この宇宙の基礎が築かれたはずです。その未知のこととは、私たちが生きているこの宇宙を創り出した、奇跡的に素晴らしい出来事のはずです。

その素晴らしい出来事がいったいどういう出来事であったのか、推測を交えて垣間見ることはできても、まだ確実な全体像は得られていません。それは知識の球面の外に位置しています。そして、現在活発に研究されている刺激的な研究分野でもあります。次の章では、その未知の世界がどのようなものであり得るのか、最新の研究を紹介しながら大胆に考えてみることにしましょう。

〔第2章〕

宇宙の始まりに何が起きたのか

2－1　標準宇宙論を超える

前章では主に、物理学がどのように初期宇宙を解き明かして、何がわかってきたのかという話をしました。ビッグバン宇宙論に基づく、この標準的な初期宇宙の理論は「標準宇宙論」と呼ばれています。前章の最後で述べたように、標準宇宙論では、宇宙が始まってから最初のわずか1兆分の1秒のところがまだ解明されていません。ここに重大な事件があってこの宇宙が誕生したはずです。いったいそこではどんなことが起きた可能性があるでしょうか。

この領域には、確実に正しいと言える物理学理論は知られていません。しかし、まだ確立していなくとも、そのような領域で成り立つ可能性のある物理学理論を当てはめてみたらどうでしょうか。

物理学者は、そのような理論をいろいろと考えています。素粒子論や相対性理論の研究において、宇宙のごく初期に当てはまるかもしれない仮説的理論が山のように提案されています。そして、この宇宙の始まりがどのようなものだったのか、可能性の範囲ではありますがいろいろと推測されています。その結論に確実性はまだないとしても、どういう可能性があるかを科学的な方法で推測できる、というだけでも素晴らしいことだと思いませんか。

　そんな未知の世界、知識の球の外側へ、これから手探りで進んでいってみることにしましょう。

２－２　物質の起源、いまだわからず

　物質の元となっている素粒子、つまりクォークや電子などは、いつ、どのように生まれたのでしょう。宇宙の最初を考えるとき、当然問題になる疑問です。標準宇宙論では、主に素粒子論を元にして初期宇宙の理論を確立させました。よって、素粒子論は宇宙の初期を探るには欠かせない物理理論といえます。しかし、クォークや電子など、素粒子そのものの起源についてまではまだ明らかになっていません。それは深い謎に包まれています。その理由は、素粒子論の進展に深く関わっています。

　標準宇宙論によって明らかにされた、宇宙の始まりから１兆分の１秒以降の初期宇宙の様子は、「素粒子の標準モデル」と呼ばれる理論から導かれています。この理論の枠組みは１

970年代はじめぐらいまでには確立し、その後、数々の精密な実験によりその正しさが裏付けられています。

この理論はとても精緻《せいち》な構造を持ち、人類の発見した物理理論の中でも最高峰のひとつと言っても過言ではありません。その証拠といってはなんですが、この理論の構築に重要な貢献をした多数の人々がノーベル物理学賞を受賞しています。2008年のノーベル物理学賞では、3人の日本人物理学者、南部陽一郎、小林誠、益川敏英が同時受賞するという快挙がありました。彼らの受賞研究も、何十年も前に標準モデルの確立に本質的な役割を果たしたものでした。

素粒子の標準モデルは、この世界にどのような種類の素粒子があって、それらがお互いにどのように相互作用し合うのか、ということを明らかにしてくれます。この理論に基づいて計算すると、加速器などを使った素粒子実験の結果を予言でき、実際それは実験結果とほぼ完全に一致します。

素粒子の標準モデルが確立する前まで、素粒子論研究の世界は混乱に満ちていました。素粒子実験の技術が進んで、高エネルギーの現象を実験できるようになると、それまでの理論では説明のつかない新粒子が続々と発見されました。現在では、それらの新粒子がクォークから構成される粒子だとわかっていますが、当時クォークの存在は知られていませんでした。そんな新事実を、理論的に説明しようと大変な苦労をしていたわけです。様々な新しいアイディアが交錯していました。

そんな苦労の末、ついに標準モデルが確立します。それにより、宇宙の初期状態についても、標準モデルを使って理論的に調べることができるようになりました。そのようにして確立した宇宙の進化を記述する理論が、現在の標準ビッグバン宇宙論です。

素粒子の標準モデルは、現在までに行われてきた素粒子実験をとても正確に再現します。あまりにこの理論が正確すぎるので、理論家にとってはかえって困ったことになってしまいました。理論的に説明できない実験結果というものがほとんどなくなり、実験をもとにして未知の理論を探ることが難しくなってしまったからです。

素粒子の標準モデルはこの世界をすべて説明するものではありません。あくまで、これまでに行われた素粒子実験の範囲でのみ確かめられている理論です。標準モデルは最終的な基本理論ではなく、それを超えるもっと基本的な理論があるはずだと信じる根拠がいくつもあります。

それが端的に現れているのが、クォークや電子などいくつもある素粒子の起源です。その起源は、宇宙の誕生から1兆分の1秒以内に求めるべきものです。標準モデルは、なぜそのような素粒子が存在できるようになったのかを教えてくれません。なぜ素粒子はこの世界に存在する種類しかないのか、なぜ素粒子はその種類ごとに質量などの性質がばらばらな値を持っているのか、などといった基本的な疑問が答えられないまま残されています。

これは、宇宙初期にどうしてクォークや電子などの素粒子が存在できるようになったのか、という基本的な問題に答えられないことを意味します。これに答えるには、標準モデルの先にある未知の理論を探る必要があります。

2－3　統一へと向かう基本法則の探求

素粒子の標準モデルは、力の統一理論だ、とも言われます。これに限らず一般に物理学の基本的な法則は、一見関係なさそうに見える力の法則を統一することで発展してきました。このことを、要点だけにしぼって少し説明しておきましょう。ここでは知らない言葉がところどころに出てくるかもしれませんが、あまり気にしないで読み進めてください。

まず、近代物理学の父ともいわれるアイザック・ニュートンが、17世紀後半に発見した万有引力の法則です。これは、地上で（例えば）リンゴが地面に落ちることと、月が地球の周りを回るという、それまで関係ないと思われていたことをひとつの法則で表したものでした。いわば地上の法則と天上の法則の統一です。

次に電磁気の基本法則です。電気の力と磁気の力は、一見したところは別物です。19世紀後半、ジェームズ・クラーク・マックスウェルは、ある一組の基本方程式を使うと、それまで知られていたすべての電磁気現象を表せることを明らかにしました。これにより、電気力と磁気力が統一されたわけです。それとともに、一見関係のなさそうな光の正体が、実は電磁波である、つまり電磁気を伝える力の場の波である、ということも明らかにされました。

さらに20世紀初頭にアインシュタインが作り出した特殊相対性理論です。これは、ニュートン力学とマックスウェルの電磁気学を統一したといえるものです。その結果、ニュートンの力学体系は修正され、さらに時間と空間の性質についても考えを改める必要がありました。

続いて、一般相対性理論です。特殊相対性理論では、重力を扱うことができませんでした。一般相対性理論でアインシュタインは、時空間がゆがみ得ることを示しました。そして重力の法則を時空間の性質に帰着させ、他の法則と統一的に扱えるようにしたのです。ニュートンの万有引力の法則は、一般相対性理論の登場により重力の法則としては近似的な法則となりました。

20世紀初頭には、量子論が登場し、物理の世界が一変します。量子論は当初、ニュートン力学の拡張として発展しました。その成功の後、特殊相対性理論と量子論を統一した「相対論的量子力学」が、ディラックによって発見されます。それはさらに発展し、電磁気学も完全に量子論へ取り込んだ、「量子電磁力学」という体系になります。ここに至って、ニュートン力学と電磁気学、それらをまとめる特殊相対性理論、そして量子論がすべて統一されたのです。

量子電磁力学は「場の量子論」と呼ばれる枠組みで定式化されています。その後、この定式化は電磁気現象だけでなく、他の現象にもとても広く当てはまることがわかってきました。原子核の中で働いている「強い力」や、ニュートリノが唯一感じることのできる「弱い力」も同じような枠組みで理解できることが判明したからです。

そして物理法則の統一のクライマックスは、電磁気力と弱い力の統一です。シェルドン・グラショウ、スティーブン・ワインバーグ、アブドゥス・サラムにより完成されたこの理論は、場の量子論の枠組みの中でこれらの力を統一しました。「電弱統一理論」の完成です。その理論構成には、時代を先取りする物理学者、南部陽一郎の考えだした「素粒子における自発的対称性の破れ」という機構も使われていました。

さらには、強い力も場の量子論の枠組みで定式化できることが明らかにされました。その理論形式は「量子色力学」と呼ばれています。これを電弱統一理論と組み合わせたものが、素粒子の標準モデルです。

長い歴史をかなり短くまとめてみました。しかし、こうして振り返ってみると、基本的な力をつかさどる法則の発見の歴史は、力の統一の歴史にほかならないことがわかります。

ここで読者は、重力の法則が量子論の登場以後、統一の歴史からおいてきぼりになっていることに気がついたかもしれません。重力以外の力は場の量子論の枠組みによって統一されてきたのですが、重力をその枠組みに入れようとする試みにはいまだ誰も成功していません。この問題の背景には、一般相対性理論と量子論の相性が極めて悪いことがあります。この点については後ほど改めて触れます。

さて、ここでひとまず重力のことは忘れたとしても、まだ標準モデルにおいて不完全だと思われている点があります。それは、電磁気力や弱い力を表す電弱統一理論と、強い力を表す量子色力学が、この枠組みの中で本当の意味では統一されてはいない、ということです。言い換えれば、電磁気力と弱い力はひとつに統一されて「電弱力」として理解されているの

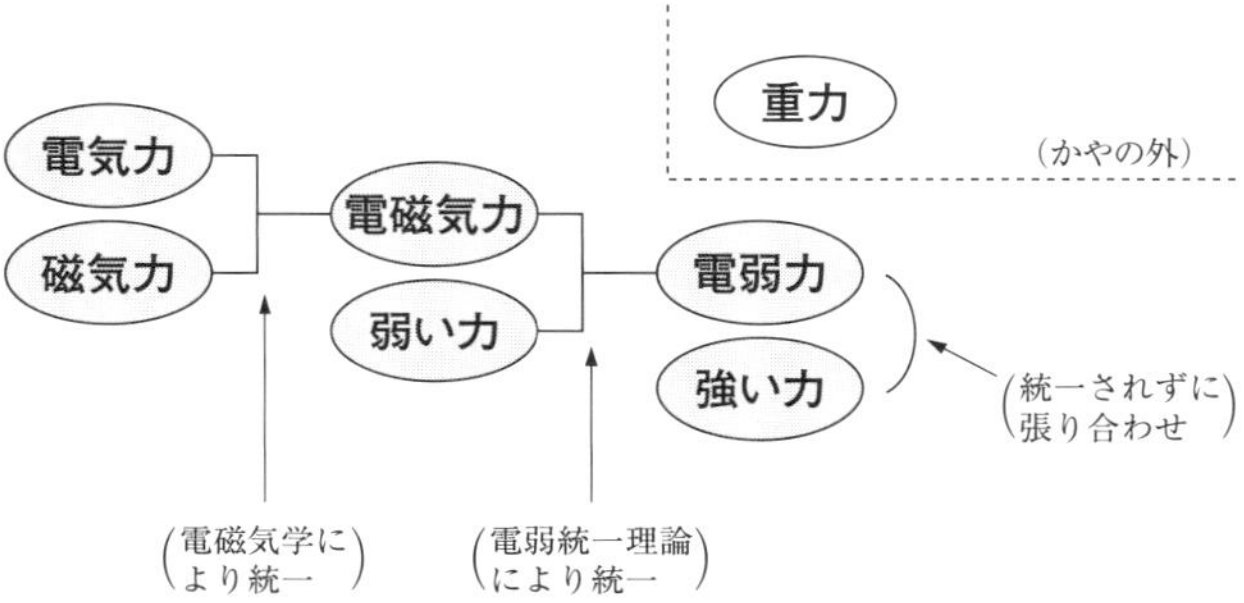

図7　力の統一はまだ不完全

に、強い力は統一されずに、理論的にはさながら強引に糊で張り合わされているようになっています（図7）。現状の標準モデルで素粒子の起源を明らかにできない理由も、まさにここにあります。

そこで、もっと基本的な枠組みから電弱統一理論と量子色力学を統一することができないか、という試みがなされてきました。それを次に述べましょう。

2−4　大統一理論への夢と現実

電磁気力、弱い力、強い力の3つを統一するはずの理論は「大統一理論」と呼ばれています。標準モデルでは、電弱統一理論によって電磁気力と弱い力は統一されていますが、強い力だけが少し仲間はずれになっていて、別ものとして扱われていると述べました。

そこで、もっと基本的な理論があるのではないか、そこでは3つの力が完全に統一されているはずだ、と考えるのが、「大統一理論」の立場です。電弱統一理論においては、ひとつに統一された電弱力が分離することで電磁気力と弱い力が現れます。同じように大統一理論でも、さらに統一された力があって、それが分離して電弱力と強い力になっているのではないか、と考えるわけです。

この考えに基づいて、1974年にハワード・ジョージャイ、シェルドン・グラショウにより最初の大統一理論の候補となるモデルが考えられました。電磁気力、弱い力、強い力の3つを統一するためには、対称性に基づいたある数学的な構造が必要になります。そういう数学的構造を満たすモデルはひとつではなく、いくつも考えることができます。彼らのモデルはその中でも最も簡単なものでした。

このモデルは検証可能な「ある予言」をします。それは、陽子がいつかは壊れてしまい、別の軽い粒子に変化してしまう、という予言です。これを「陽子崩壊」といいます（図8、64ページ）。

陽子が崩壊するまでにかかる時間は確率的に与えられます。ひとつの陽子が崩壊するまでの平均時間は宇宙年齢よりもはるかに長いのですが、中には比較的短い時間で崩壊してしま

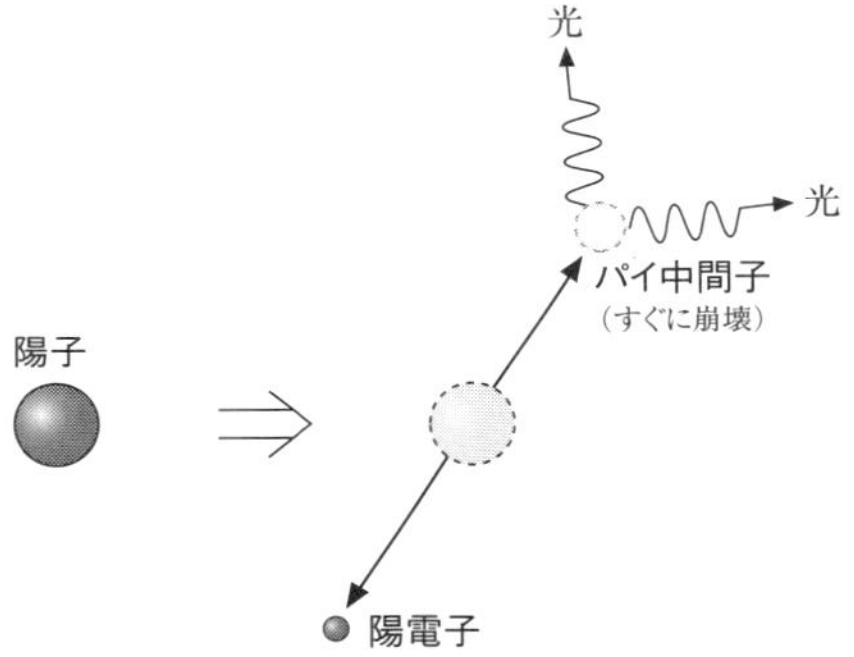

図８　陽子の崩壊過程の例。陽子が崩壊すると「陽電子」と「パイ中間子」になり、その後パイ中間子は光になる（陽電子とはプラスの電荷を持つ電子の一種）。他にも、ニュートリノを出すような崩壊過程などもある。

う陽子もあります。大量の陽子を集めて長時間観察していれば、その中のいくつかの陽子が崩壊するのを観測することができるはずです。

小柴昌俊がノーベル賞を受賞したのは、カミオカンデという検出装置を作って行った研究によります。この装置はもともと、陽子崩壊を実験で確かめようとして建設されたものでした。しかしこの本来の目的は結局達成されず、思いがけず遠い宇宙から来たニュートリノを捕らえるという大発見を成し遂げてノーベル賞を受賞した、というのも面白いところです。

カミオカンデは巨大な水槽の中に３０００トンの水を貯めて、その中で発生する粒子を検出する装置です。陽子崩壊に伴って発生する粒子を検出できれば、陽子崩壊の証明になるわけです。この水の中に含まれている陽子は莫大な数になります。ジョージャイとグラショウのモデルによると、この量の水があれば1年にいくつかの陽子が崩壊するのを観察できるはずでした。でも、いくら待ってもそれは見つかりませんでした。外国の他の研究グループも似たような実験を行いましたが、結果は同じでした。

このため、ジョージャイ・グラショウのモデルは正しくないということになりました。しかし、もう少し複雑な別のモデルを使えば、他の大統一理論を作ることもできます。陽子崩壊にかかる時間がもっと長くなるモデルを考えれば、大統一理論自体の枠組みが否定されたことにはならないのです。

そんなモデルにはいくつもの可能性があります。現在に至っても、陽子崩壊はいまだに全く観測されていないため、これらのモデルのどれかひとつが正しいのかどうか、結論は出ていません。

陽子が崩壊するということは、原理的にその逆のことも起こります。つまり、陽子が作られるような物理的過程も存在するということです。陽子は元を正せばクォークでできています。陽子が崩壊するということは、クォークが崩壊するということで、陽子が作られるということは、クォークが作られるということです。このため、大統一理論の正しいモデルが確立すれば、クォークなど物質の素《もと》になる粒子が、宇宙初期にどうやって生まれてきたのか明らかになるはずです。

しかしいまだに大統一理論自体が確立していないこともあり、クォークなど物質の素になる粒子が本当のところどのように生まれたのかは、まだまだ深い謎に包まれています。

2－5　力が分岐するという魅力的な考え

電弱統一理論や、それを規範として作られた大統一理論の見方によると、この世界に異なる力があるように見えるのは、私たちが低エネルギーの世界に住んでいるからだということになります。実際、物質を高エネルギーの状態にすると、電弱統一理論により電磁気力と弱い力が区別できなくなる状態になります。そこからエネルギーを下げていくと、これら2つの力が分離して、別々の力のように振る舞い始めるというわけです。

大統一理論は基本的に電弱統一理論と同じ考えに基づいていますから、それが正しければ強い力はさらに高エネルギーの世界で他の力と区別がつかなくなります。強い力と他の力の区別がつかなくなるエネルギーは、電磁気力と弱い力の区別がつかなくなるエネルギーよりもずっと高いところにあります。

現在の宇宙は低エネルギーの状態にあるので、３つの力は別々のものとして観測されています。しかし、膨張宇宙では宇宙の時間をさかのぼると温度が際限なく高くなっていきます。ということは、宇宙の初期には３つの力が区別できないような時代があったことになります。

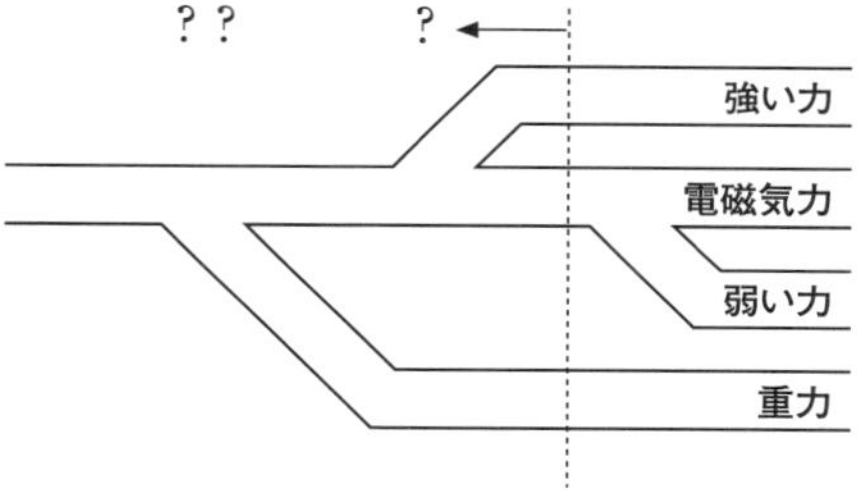

図９　力の分岐。宇宙の初期にはすべての力が一体となっていて、宇宙の温度が冷えるにつれ徐々に異なる種類へ枝分かれするという考え方。電磁気力と弱い力については実際にこの考えが正しいことが知られているが、その他の力については推測である。

このような見方に基づくと、宇宙の最初には３つの力が一体となっていたことになります。そしてまず強い力がそこから分岐して、その後しばらくしてから電磁気力と弱い力が分岐します。こうして、現在の宇宙では３つの力が別々にあるように見えるというわけです。

さらに想像を逞《たくま》しくすると、重力もこの分岐の枠組みに入るかもしれません。すると、宇宙のはじめはすべての力が区別できない状態から始まり、そして重力、強い力の順に分岐して、最後に電磁気力と弱い力が分岐する、という壮大なシナリオが描かれます（図9、67ページ）。

重力、強い力、弱い力、電磁気力、の4つの力をすべて統一するような架空の理論は「超大統一理論」もしくは「万物の理論」と呼ばれています。ただこれは、今のところ絵に描いた餅でしかありません。この後で述べるストリング理論／M理論というものがその候補ではないかとも考えられていますが、まだよくわかっていません。

重力が他の力と同じような枠組みで理解できると期待するのは、あまりにも楽観的すぎると見る向きもあります。もしかすると、今は全く予想できないような形で、将来この問題が語られているかもしれません。

2-6　インフレーションは宇宙の救世主か

素粒子論の発展とともに、初期の宇宙を調べる研究が可能になると述べました。この背景のもと、大統一理論の研究の進展に伴って新しく出てきたアイディアが、「宇宙のインフレーション理論」です。この理論は当初、大統一理論を宇宙の初期に当てはめてみることから始まりました。その結果、宇宙のごく初期に、現在とは比べものにならないほどの速さで宇宙が急膨張した時期があったのではないか、という驚くべきアイディアが出てきたのです。このアイディアは形を変えながら現在でも活発に研究されています。これよりしばらく、この理論の誕生と変遷について見ていきます。

標準ビッグバン宇宙論によると、最初に不自然なくらい大きな速度で宇宙が膨張し始めました。もし最初の膨張速度が現実のものより少しでも遅いと、宇宙はすぐに膨張から収縮に転じてつぶれてしまい、宇宙に銀河や星を作る時間がありません。逆に、最初の膨張速度が少しでも速いと、すぐに宇宙の密度が薄くなってしまって、やはり星や銀河などが作られなくなってしまいます。銀河や星のない宇宙に私たちは住むことができません。

私たちが住めるようなこの宇宙ができるために必要な条件を計算してみると、宇宙初期の膨張速度が、奇跡的とでも呼べるくらいの精度で微調整されている必要があります。例えば宇宙が始まって1秒後を考えてみると、1000兆分の1の精度で膨張速度をあるちょうどよい値に調整しておかなければなりません。もっと初期にさかのぼれば、さらにこれよりも条件は厳しくなります。そんなことが偶然起こったとは考えられません（＊1、71ページ）。

標準ビッグバン宇宙論には、さらに不自然な点がまだあります。それは、現在の宇宙がどこを見ても同じような構造をしているのはなぜか、という問題です。例えば、宇宙マイクロ波背景放射では、どの方向からやってくる電波の温度も10万分の1の精度で同じ2・7ケルビンだと言いました。180度違う方向からやってくる電波が、なぜお互いの温度を知っているのでしょう。それは、この宇宙がなぜかどこも同じような構造をしているからです。

宇宙がどこも同じような構造になっている理由は、初期の宇宙に求められるはずです。すなわち、初期の宇宙において、非常に遠く離れた場所同士が、なぜかお互いの状態を知っていて同じような状態から始まったことになります。

アインシュタインの相対性理論によると、どんな情報も光のスピードを超えて伝わることはできません。ということは、遠く離れた場所同士で情報をやりとりすることはできないはずです。このため、はじめから宇宙のどこも同じような状態で始まるのは不自然です。原理的に情報をやりとりできないほど離れた2つの場所が、どうやって同じような状態になれるのでしょう。偶然にそうなったと考えるには不自然すぎます（＊2）。

膨張速度の微調整と、初期宇宙がどこも同じような状態から始まったという2つの謎は、この宇宙の膨張がどのように始まったのか、という謎と直結しています。インフレーション理論は、これらの2つの問題点を同時に解決し、現在の膨張の起源をある程度説明してくれる有望な理論です。

インフレーション理論は１９８０年代初頭、複数の研究者が独立に思いついたアイディアでした。右に述べた問題点が同時に解決されることを明確に述べ、またインフレーションというわかりやすい名前を付けたのはアラン・グースでしたが、日本の宇宙物理学者、佐藤勝彦は同様の理論を彼よりも早く発表したことがよく知られています。

インフレーションという名前は経済用語として一般に浸透しています。みなさんもご存じのように、通貨の価値が急激に下がり、物価が急上昇することです。もともとは「急激に膨らむ」ことを意味します。宇宙が急激に膨らむこと、それが宇宙のインフレーションです。

インフレーションは宇宙のごく初期に起きたものと考えられます。その膨張の速さたるや、

＊１　一般相対性理論によると、宇宙の膨張速度は宇宙のエネルギー量と関係していて、さらにそれは宇宙全体の曲がり（曲率）と関係しています。ここで説明した不自然さは、初期の宇宙がなぜかほとんど曲がっていない、つまり不自然なくらい平坦であるとも言い換えられ、初期宇宙の「平坦性問題」とも呼ばれています。

＊２　この問題は初期宇宙の「一様性問題」と呼ばれています。

現在の宇宙膨張とは全く比べものにならないほど桁外れです。例えば、1兆分の1の1兆分の1の、さらに100億分の1秒（10^{-34}秒）くらいの間に、宇宙の大きさが1兆倍の1兆倍の1兆倍の、さらに1000万倍（10^{43}倍）くらいに膨張する、というような具合です（ただしインフレーション理論はまだ確定した理論ではないので、この数字はひとつの例にすぎません）。そして、その急膨張は突如終わりを告げ、それよりは緩やかな膨張になって現在の宇宙膨張に繋がったのだと思われています。

宇宙がその初期に急激な膨張をすると、最初に述べた2つの問題点を自動的に解決してくれます。アインシュタインの一般相対性理論に基づいて計算すると、インフレーションが終わったとき宇宙の膨張速度は、その後の宇宙をさらに長く生き延びさせるのに必要な最小限の値に、自動的に調整されることが示されます。

標準ビッグバン理論では、最初に大きな速度で宇宙が膨張し始めたと仮定されます。しかし、その理由は明らかにされませんでした。もし、インフレーションが起きて桁違いの急膨張をしたのであれば、その急膨張の余勢がインフレーション終了後にも残り、標準ビッグバン理論で仮定されている宇宙膨張へ繋がると説明できます。

また、インフレーションが起きる前に情報がやりとりできるほど十分近くにある2つの場所は、インフレーションという急膨張でほとんど一瞬にして莫大な距離に引き離されてしまいます。このため、インフレーションが終わってみると、あたかも全く情報をやりとりできないほど離れているように見えるわけです。こうして最初に述べた標準ビッグバン宇宙論の２つの問題点が自然に解決されます。

素粒子論を宇宙の初期に当てはめると問題になることがもうひとつありますが、それもインフレーションが解決してしまいます。それは、現在の宇宙には見られない奇妙な粒子などが、理論的に宇宙の初期に大量に生み出されてしまうという問題です。インフレーションがあれば、そんなものは急激に薄められてしまうので、観測できなくなるほど少なくなる、と説明できます。

このように、インフレーションが起きると理論上、都合がよいことがわかりました。しかし、それがどのようなメカニズムで起こされたかについての定説はありません。当初は大統一理論に基づいて研究されていましたが、結局インフレーションが都合よく始まったり終わったりするような自然なメカニズムを見つけることができませんでした。

その後は現在に至るまで、実に多様な説が繰り広げられて、大統一理論とは切り離された、非常に多くの異なるインフレーション理論が並び立っています。そのうちどれかが正しいのかもしれませんし、どれも正しくないのかもしれません。

ＷＭＡＰに代表される宇宙マイクロ波背景放射温度ゆらぎの観測データは、インフレーション理論と矛盾しないものでした。しかし、それは間接的に支持しているとはいえるものの、確実にインフレーションがあった証拠とまではまだいえません。

今後インフレーション理論が証明される、あるいは逆に否定される日は来るでしょうか。それには観測の進展が欠かせません。特に重要だと思われているのは重力波です。多くのインフレーション理論は、その急膨張期に特徴的な背景重力波を発生させると予言しています。それが実際に検出されると、インフレーション理論は今までにない信憑性《しんぴょうせい》を持つことになります。逆に、インフレーション理論では全く説明できない別のタイプの重力波が検出されると、他の可能性を探さなければなりません。

今後のこの分野の成り行きも、まだまだ目が離せません。

2―7　インフレーションの原因をめぐって

インフレーション宇宙を実現する可能性のあるメカニズムはいくつも考えられていますが、

その多くのものに共通した特徴があります。それは「スカラー場」のエネルギーが宇宙を急膨張させる、というメカニズムです。

スカラー場というのは、空間全体に広がったエネルギーのようなものです。スカラー場という名前は、空間の点ごとに数値がひとつずつ対応づけられるようなものを指す専門用語です。ここではその意味はあまり深く考えずに、名前だけ覚えておいてください（＊３）。

インフレーションを起こすスカラー場は、私たちに観測できる宇宙の範囲でほとんど共通の値を持っています。このスカラー場の振る舞いを大まかにつかむには、坂を転がるボールのようなものを想像してみてください（図10）。

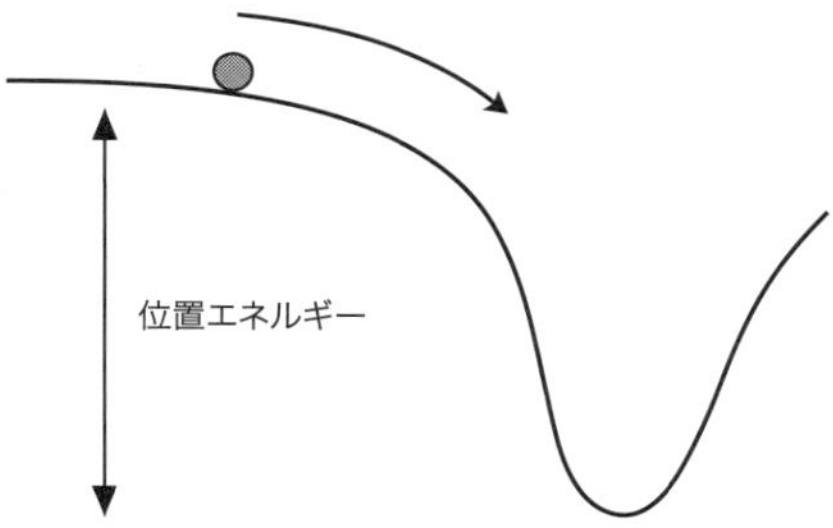

図10　スカラー場を表すボールが坂を転がる様子。スカラー場の位置エネルギーは真空エネルギーに対応していて、宇宙を急激に膨張させる。

＊３　私が教えている大学のクラスの学生は「それはスカラーですから〜」という駄洒落《だじゃれ》で記憶していました。

このボールは高いところにあるほど位置エネルギーをたくさん持っています。そしてボールが坂をゆっくり転がるとき、その位置エネルギーに相当するものが宇宙空間全体に広がっています。

このエネルギーは宇宙が膨張しても密度が薄まらないという特徴を持っています。通常の物質が持っているエネルギーは、空間が膨張すればそれに反比例して密度が薄まってしまいます。しかし、このスカラー場のエネルギーにはそういう性質がありません。どんなに空間が膨張しても、1立方メートルあたりのエネルギー密度はほぼ一定です。

アインシュタインの一般相対性理論によると、空間あたり一定のエネルギーは、宇宙を膨張させようとする力を生みます。宇宙が膨張すればするほど、空間が大きくなってスカラー場のエネルギー総量は増えていきます。すると、膨張させようとする力はますます大きくなって、宇宙の膨張速度は際限なく増えていきます。つまり、宇宙が暴走的に大きく膨張してしまうというわけです。

このメカニズムが、宇宙のインフレーションを引き起こす原因ではないか、と考えられているわけです。ただ、現実的な宇宙を作り出すインフレーションを起こすことはそれほど簡単ではありません。私たちの住んでいる宇宙を作り出すためには、インフレーションにある程度の時間継続してもらい、その後にはうまく終わってもらう必要があります。坂を転がるボールとの類推でいえば、坂の形がかなりうまい形をしていないと、そうはなりません。

この坂の形と、そもそもこのスカラー場が何かということは、具体的な素粒子論のモデルから導かれるはずです。しかし、私たちが正しいと知っている標準モデルには、そのように都合のよい坂の形を持つスカラー場がありません。そこで、大統一理論などのまだ確立していない理論に、インフレーションを起こすスカラー場の正体を求めることになります。

しかし、今のところ現実的な素粒子モデルから、自然な形でインフレーションを起こすメカニズムを見つけ出すことはできていないのが現状です。現在では、素粒子モデルとは切り離してインフレーションを起こすスカラー場を考えることが多く、そうすると仮定するモデルによっていくらでもインフレーション理論が作れます。現在、多数のインフレーション理論が並び立っているのにはそういう理由があります。

2－8　インフレーション宇宙は無数にあるかもしれない

インフレーション理論では、非常に小さい空間が短い時間の間に莫大な空間へと大きく急膨張したと考えました。こうして巨大化した空間はどの場所も同じような空間となり、宇宙がどこも同じような構造をしている、という私たちの宇宙の特徴を説明しました。

このとき、宇宙が誕生してからその直後にインフレーションが起きたと考えていますが、インフレーション理論は宇宙の誕生自体を説明するものではありません。インフレーションの起きる前に、すでに宇宙が誕生しているものと想定されています。

一方で、宇宙の誕生からインフレーションが起きるまでのことは、ほとんどわかっていません。一説には、宇宙が誕生した後、例えば1兆分の1を3回繰り返して、さらに何万分の1にした数で表されるような短い秒数の後、インフレーションが起きたのではないかとされています。いずれにしても、宇宙の誕生とインフレーションが開始されるまでの間には隔たりがあります。

ここで、インフレーション終了後の宇宙はどこも同じような構造になりますが、インフレーションが起きる前の宇宙ではどこも同じような構造をしている必要がないことに注目してください。ということは、宇宙全体で見れば、インフレーションが起こった場所とそうでない場所が混在することも考えられます。

私たちに見える範囲の宇宙は、当初ものすごく小さい範囲だった空間がインフレーションで巨大化したものということになりますが、そこからさらに離れた場所では、インフレーションが起こらなかった場所もあるかもしれませんし、いまだにインフレーションを続けている場所もあるかもしれません。私たちに見える範囲よりもずっと大きな観点から見ると、宇宙は極めてでこぼこした奇妙きてれつなものになっている可能性があります。

さらに、量子論の原理によると、スカラー場の値は完全にひとつに決まっているわけではありません。いわゆる「量子ゆらぎ」を持っています。坂を転がっているように見えても、小さな確率で上へ戻ってしまうこともあり得ます。そんな場所ではインフレーションが他の場所よりも長く続きます。

確率は小さくとも、インフレーションが周りの場所よりも長く続く場所があると、そこだけ体積が大きくなり、別のインフレーション宇宙ができたかのようになります。そしてその宇宙にもまた量子ゆらぎがあるので、そこからまた別のインフレーション宇宙ができ、さらにまたそこから、という具合で、際限なくインフレーションを起こしている領域が続いていってしまいます（図11、80ページ）。

最初のインフレーション宇宙を母宇宙として、子宇宙、孫宇宙、ひ孫宇宙、と永遠に続いていくこの描像《びょうぞう》は「永久インフレーション」と呼ばれています。ここでは、最初にひとつ

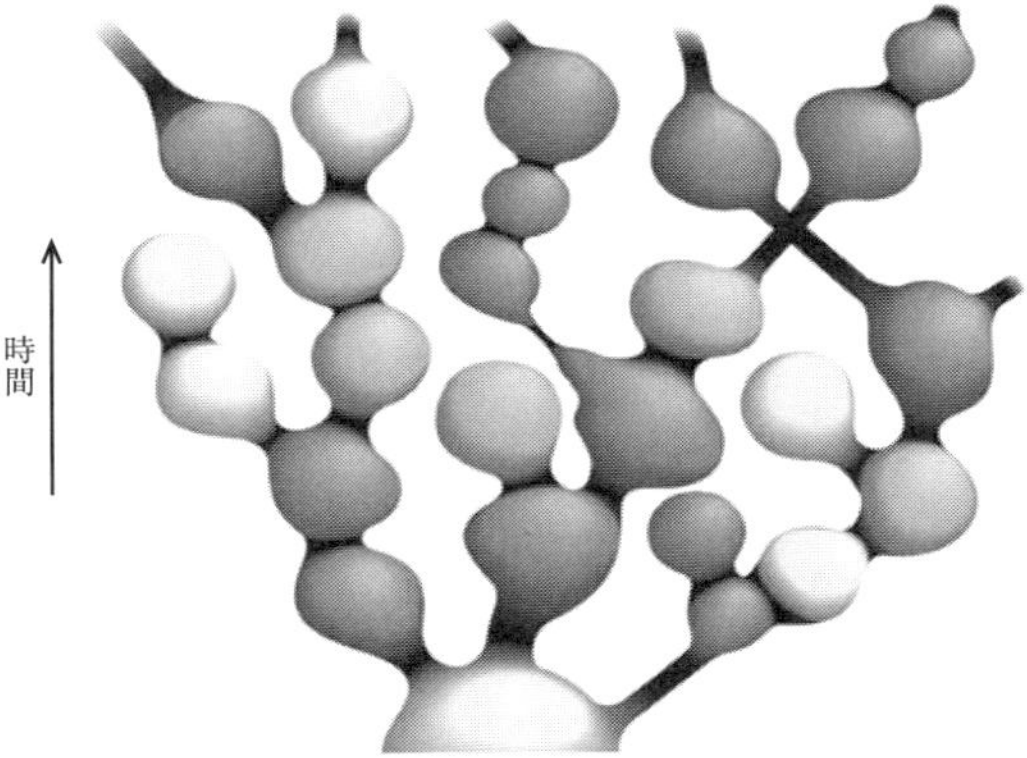

資料：Scientific American, Vol.271, No.5, pages 48-55, Nov. 1994より転載

図11　永久インフレーション。宇宙の中にインフレーションの終了しない場所が残ると、そこは元の宇宙と切り離された別の宇宙が生まれたかのようになる。これが連鎖的に続いていき、無数の宇宙が永久に生まれ続けているのかもしれない。

の母宇宙からすべてが始まったと考えましたが、その母宇宙にも実は祖母宇宙があり、さらにその前にも曽祖母宇宙があり、というように、宇宙が無限の過去から綿々と続いてきたと考えるとどうでしょうか。これは、全体として宇宙に始まりがない、という描像になります。

ビッグバン理論の確立によって宇宙に始まりが必要になったのに、右のことが正しいとすると、再び宇宙に始まりがないという昔ながらの描像が形を変えて復活することになります。宇宙は全体として同じ状態を保ち続けるという、「定常宇宙論」の再来です。

かなり奇怪な宇宙の描像に行き着いて

しまいました。現在では、まだインフレーションの起きるしくみもよくわかっておらず、また、多くの宇宙が生まれるような状況に適用できる物理法則に至っては全くといっていいほどわかっていないので、このようなことが本当にあり得るかどうかは、現状ではまさに神のみぞ知る、というところです。

もし、永久インフレーションの描像が正しいとすると、私たちに見えている宇宙の他にも、全く異なる宇宙が無数に存在することになります。そんなことが科学的に見ても不可能ではない、というだけでも驚くべきことです。無数の宇宙が存在する可能性については、後の章でもまた考察します。

2-9　インフレーションが起こらなかった可能性も

インフレーション理論は、とても魅力的な面を備えていて、理論家にとっては興味深い研究のできる格好の場です。このため、研究対象としてかなり人気があります。そして、多くの理論家はインフレーションが実際に起こっただろうと考えています。

しかし、前述したように、インフレーション理論はまだ確立した理論ではありません。確実に正しいとまでは言い切れない仮定が多数使われています。インフレーションが起きた原因もひとつにしぼられていません。この状況からインフレーション理論を確立させるためには、インフレーション理論でしか説明のできない観測的証拠がいくつか必要です。

一方、標準ビッグバン理論は、宇宙マイクロ波背景放射や宇宙初期の元素合成をはじめとする、数々の決定的な観測的証拠により確立しています。しかし、インフレーション理論にはまだ、そのような決定的な証拠がないのです。

ただ、決定的ではないけれどもインフレーション理論を支持するような観測結果というのは確かにあります。しかし、それらはインフレーション理論でしか説明できないものではありません。したがって、将来、インフレーション理論が否定されてしまう余地も残されています。

そんな中で、インフレーション理論が正しくない可能性を考察しておくことも大事なことです。インフレーションなしに、私たちの住んでいる宇宙の不自然さを説明する自然な理論は作れるでしょうか。もしそのようなものがあれば、それはインフレーション理論に取って代わる理論になるかもしれません。そんな理論の候補がいくつか提案されています。これについて述べる前に、その背景となる素粒子論の理論的進展について短くまとめておきます。

2−10　ストリング理論の流行と宇宙論への波及

最初のインフレーション理論が提案された後、素粒子論の理論的研究には大きな変化がありました。万物の理論の候補になるかもしれない理論が登場してきたのです。万物の理論とは、私たちの知っている4つの力をすべて統一し、さらにすべての粒子の性質を説明する究極の理論です。そのような大それた理論があるかもしれないという期待が高まり、世界中の優秀な素粒子論研究者がこぞってそれを研究し始めました。

それが、世界の根源はすべてストリング（ひも）のようなものでできているという「ストリング理論」です。ストリング理論のもともとのアイディアをたどると、またもや時代を先取りするあの物理学者、南部陽一郎に行き着きます。ストリング理論のアイディアは、南部ら複数の研究者が独立に提案したものですが、当初は万物の理論として考えられたのではありませんでした。まだ強い力の正体がよくわかっていなかった1970年、強い力の性質を説明するために考えられたモデルでした。

その後、強い力が場の量子論の枠組みで理解できることが明らかにされ、ストリング理論は一部の研究者以外には10年以上忘れ去られていました。ところが１９８４年、マイケル・グリーンとジョン・シュワルツは、ストリング理論が万物の理論の候補かもしれないというきざしを発見し、それが引き金となってストリング理論は素粒子論の理論研究者の間に大ブームを巻き起こすことになりました。

その後も紆余曲折を経《へ》ながら、現在まで精力的にストリング理論の研究が進められています。この理論は数学的にかなり込み入っていて、まだ断片的なことしかわかっておらず、その全貌はいまだに明らかになっていません。

現在では、初期に研究されていたいくつかのストリング理論を包み込む、さらに大きな枠組みの理論があるかもしれない、と予想されています。まだ未知のベールに包まれているその理論は、ストリング理論の牽引《けんいん》役ともいえるスター研究者、プリンストン高等研究所のエドワード・ウィッテンにより「M理論」と名付けられています。

ストリング理論／M理論が実際に現実の宇宙に対応する万物の理論なのかどうか、いまだに結論は出ていません。最悪の場合、現実とは関係のない数学理論にすぎなかった、ということになる可能性もないわけではありません。これはあまりに微小な世界を扱う理論なので、現実世界との繋がりを実験で確かめることが全くできていないのです。

しかし、とても魅力的な理論のため、何らかの真実が含まれているに違いないと、今、世界中で優秀な理論家たちが全身全霊を傾けて研究しています。ただ、ストリング理論が最初に流行してからすでに35年以上も経過しましたが、まだ万物の理論としての見通しは立っておらず、完成する気配もありません。すなわち、それほどまでに難しい課題を抱えた理論でもあるということです。実際、万物の理論がそう簡単に完成するとは思われません。忍耐強い研究がまだまだ必要でしょう。

ストリング理論／M理論が現実の宇宙を記述する理論かどうかはすぐにはわかりませんが、そこからアイディアを拝借して宇宙論に応用してみようという研究が行われています。もちろん、本当かどうかわからない未完成の理論的アイディアを応用するわけですから、あまり確実なことはわかりません。しかし、おおまかな宇宙の描像を構築する助けにはなるかもしれない、と考えられています。

ストリング理論／M理論は、その理論的な整合性のために、一般に高次元時空を必要とします。ストリング理論は10次元、M理論は11次元の理論です。しかし、私たちの住んでいる宇宙には、時間1次元、空間3次元しかありません。つまり時空間が4次元の宇宙です。ストリング理論／M理論では6つ、あるいは7つもの次元が余分に存在することになります。

これは解決するのに深刻な問題を孕《はら》んでいるように見えますが、解決する方法がないわけではありません。それは、私たちに感じられない余分な次元が何らかの方法で隠されてしまっている、と考えることです。

例えば、次元が小さく丸まってしまうというアイディアがあります。髪の毛を思い浮かべてみてください。髪の毛の表面をルーペや顕微鏡で見ると細長くのびた円筒のような形をしていて、2次元の面になっています。でも、人間の目で遠目に見ると一本の線に見えます。つまり1次元です。

この例では、2次元のうち1次元が小さく丸まって、遠目には1次元のように見えています。これと同じように、ストリング理論の10次元のうち、6次元が小さく丸まって、人間には感知できなくなっているという可能性がある、という考え方ができます。これを「時空のコンパクト化」といいます。ただし、このコンパクト化がどのように実現できるのかは、あまりよくわかっていません。今のところは仮定にとどまっています。

２－11　インフレーション理論の対抗馬、エクピロティック宇宙論

ストリング理論の研究に触発される形で、インフレーション理論に取って代わる対抗馬になるかもしれない理論がいくつか提案されています。その代表例は、２００１年にネイル・テュロックやポール・スタインハートたちにより提案された「エクピロティック宇宙論」です。エクピロティックという奇妙な名前は、古代ギリシャで宇宙が火から誕生したという考え方、エクピロシスに由来して名付けられました。エクピロティック宇宙論は、ストリング理論やM理論から着想を得た、比較的新しい考え方です。

ストリング理論は、宇宙が本来高次元の空間を持っている可能性を示唆しています。余分な次元は小さくコンパクト化しているかもしれませんが、もしかすると大きいままなのかもしれません。ただ、私たちはそういう余分な次元の方向へはなぜか動けないようにできている、という可能性もあります。

すると、私たちの住んでいる世界は高次元宇宙に浮かぶ低次元宇宙かもしれない、と考えられます。ちょうど、膜のようなものの上にしか住めない２次元世界の住人がいるとして、

その膜が3次元空間に浮かんでいる、と考えるようなものです。この2次元世界の住人は、この膜から逃れられないので、3次元空間の存在に気がつきません。

私たちは3次元空間に住んでいますが、実はそれが高次元空間に浮かぶ一般化された「膜」のようなものかもしれません。ここでいう「膜」とは3次元の空間のことです。このような宇宙の見方は「膜宇宙論」もしくは「ブレーン宇宙論」と呼ばれます。1999年にリサ・ランドール、ラマン・サンドラムの提案した膜宇宙論のモデルは、その後に爆発的に行われる研究に火をつけました。

このような膜宇宙論を考えると、インフレーション理論を使わずに、宇宙の始まりに関する新しい見方ができるかもしれません。それがエクピロティック宇宙論の考え方です。

エクピロティック宇宙論では、まず、2枚の3次元膜が高次元空間に浮かんでいる、と考えます。その3次元膜の間には引力が働きます。この引力の働く方向は、3次元膜とは直交しています。つまり、私たちには検知できない次元の方向です。この引力により、2枚の3次元膜はいつか衝突し、跳ね返ります(図12)。

その衝突の衝撃により、この2枚の3次元膜の中は高温高密度状態になって、3次元膜は膨張を始めます。これがビッグバンの正体だ、というわけです。2枚のうちどちらかの膜に

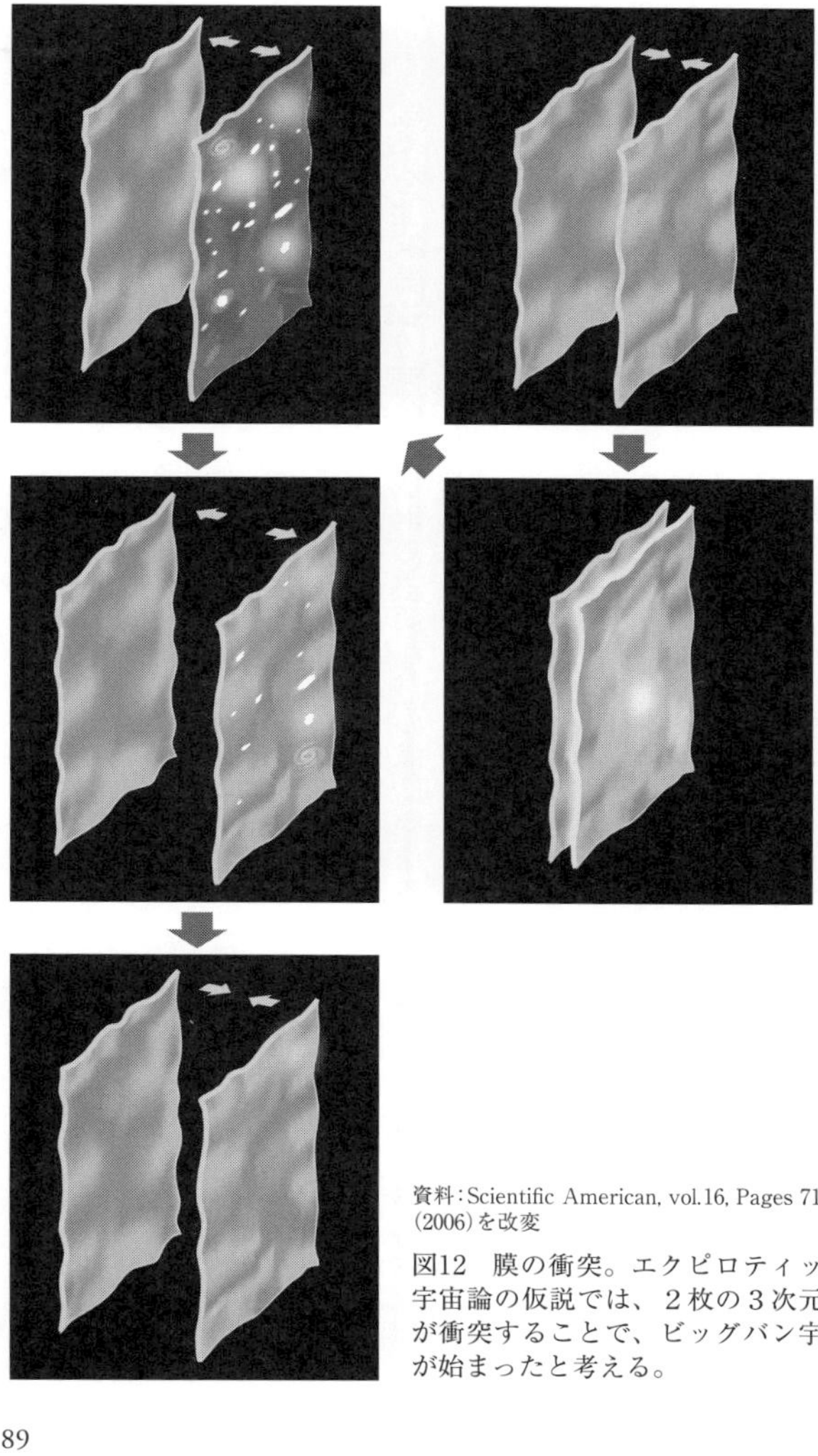

資料：Scientific American, vol.16, Pages 71-81 (2006) を改変

図12　膜の衝突。エクピロティック宇宙論の仮説では、２枚の３次元膜が衝突することで、ビッグバン宇宙が始まったと考える。

私たちが住んでいることになります。

この見方では、ビッグバンは本当の宇宙の始まりではなくなります。高次元宇宙はこのビッグバン宇宙が始まる前からずっと存在していて、膜の衝突が私たちの宇宙の始まりに見えているだけ、ということになります。

この見方に基づいて、詳しい計算が行われています。量子効果を取り入れると、膜は完全に真っ平らではなく、量子ゆらぎのために波打っているはずです。このため、衝突するときに膜の場所によっては早く衝突する場所と、遅く衝突する場所があります。これが宇宙に微小なゆらぎを生み出し、現在の宇宙で銀河などの構造を作る素《もと》になった可能性があります。

その宇宙のゆらぎは、実際に観測で求められた宇宙のゆらぎと同じ性質を持っていることがわかっています。一方、インフレーション理論でも、同じ性質のゆらぎが作り出されます。このことはインフレーション理論の傍証だと言われていましたが、もはやインフレーション理論を使わなくても実際の宇宙のゆらぎを説明できる可能性が示されました。

その意味で、エクピロティック宇宙論はインフレーション理論の対抗馬です。まだどちらが正しいかという結論は出せません。2つの理論が異なる予言をするような観測可能量を見つけて、それを実際に観測することができれば何らかの結論が出るかもしれません。

この3次元膜同士の衝突は一回だけとは限りません。衝突した後にも膜同士の間に引力が働き続けるため、はるか未来にはまた近づいていき、再び衝突するかもしれません。すると、新しいビッグバン宇宙が出現します。この現象は永遠に繰り返されます。

宇宙が繰り返し生まれては消えている、という考えは昔からありました。これを「循環宇宙論」もしくは「サイクリック宇宙論」といいます。それまでにも循環宇宙論にはいろいろな種類のものが提案されていましたが、どれも実際の宇宙を十分説明するまでには至っていませんでした。しかし、このエクピロティック宇宙論は、膜宇宙論という新しい考え方を取り入れた、循環宇宙論の再来とも呼ばれるべきものです。

日本でもこれとは異なる種類のモデルで、やはりストリング理論のアイディアに基づいた循環宇宙論が、川合光、二宮正夫、福間将文の3人によって提案されています。このモデルでは宇宙が何度も膨張と収縮を繰り返すうちに、徐々に大きな宇宙になってきた、とされています。

ストリング理論に触発された理論モデルとしてはこれらの他にもあり、「プレビッグバン理論」や「ストリング気体宇宙論」など、いくつかのアイディアが提案されています。いずれの理論もインフレーション理論に取って代わる可能性を少なからず持っていますが、まだインフレーション理論ほどは詳しく調べられていません。今のところどの理論も、宇宙マイクロ波背景放射の温度ゆらぎや宇宙の大規模な構造などの観測と矛盾はしていないようです。逆にいえば、これらの理論にはどれにも可能性が残っていて、それらの是非を観測的に区別することはまだできていないということです。

しかし宇宙背景重力波など、将来的に得られるかもしれない新しい観測を用いると、これら理論の是非を問うこともできるようになります。実際、いくつかの理論は将来的に可能になると思われる観測に対して異なる予言をしています。理論は理論だけで閉じることはありません。その理論を最終的に確認してその正しさを決定的にするためには、適切な観測が必要になります。

2－12　一般相対性理論と量子論を同時に考えると……

ストリング理論などのアイディアを大胆に宇宙へ適用するのは、面白くて刺激的です。とはいえ、今のところ高次元宇宙が正しいという保証もないので、下手をすると見当違いの方向へ向かっているかもしれません。そこで、再びオーソドックスな４次元時空の宇宙に戻り、出直して考えてみましょう。

私たちが確実に正しいと知っている物理理論は、相対性理論と量子論、そしてそれらに基づいた場の量子論です。ここで、一般相対性理論と量子論との間にはまだ埋めることのできない溝がありますが、もしこれらを統一する理論があるならば、両者の特徴を同時に兼ね備えたものになるでしょう。そのときにどのような描像が現れるのか、ある程度の推測をすることはできます。

一般相対性理論は、時空の物理学とも言われます。時間や空間というものはそこに静かに横たわっている静的なもの、というのがニュートン以来の物理学で考えられていたことでした。その後に登場した特殊相対性理論によって、時空間の値が観測者によって相対的に異なることが明らかにされましたが、特殊相対性理論の枠内では時空間が非一様にゆがむことはありません。

ところが一般相対性理論が明らかにしたことは、時間や空間はその中にある物質などと相互に関係し合って非一様にゆがみ、変化するものだ、ということでした。地球の周りの時空間は、地球があることによってゆがみます。ゆがんだ時空間に粒子が置かれると、そのゆがみを感じて地球の中心へ自然に動いていってしまいます。これが万有引力の正体でした。

一般相対性理論において、時空間はゆがんだり相対的に値を変化させたりしますが、それでもそれは確固としてそこに存在していると考えられています。しかし、ものが確固としてそこに存在しているという考えは、量子論によって覆《くつがえ》されてしまいました。

量子論で明らかになったことは、原子や分子ほどの小さな世界では、ものの存在に対する考えを改めなければならない、ということでした。私たちは直観的に、何か物体がそこにあるというとき、私たちがそれを見ていようがいまいが、その物体の位置など固有の性質はあらかじめ決まっているものだと考えています。ところが、小さな世界では、観測が行われるまで物体の性質は決まりません。そこには観測者の存在が大きく関わっています。

初めてこの話を聞くと、何を言っているのかわからないかもしれません。しかし、そう考えないと、小さな世界で起きていることを理解できないことが示されています。

例えば、ある粒子の位置を測定してある場所に見つかったとします。このとき、その粒子の位置は測定する前からあらかじめ定まっていた、と考えるのが私たちの常識です。しかし、量子論はその常識を覆します。測定する直前には、その粒子はあらゆる位置に同時に存在していた、と考えなければ矛盾することが知られています。そして測定が行われて初めて位置がひとつに決まった、と考えなければなりません。

このことは、測定する直前まで粒子の位置を私たちが知らないというだけのことではありません。測定を行う前の粒子は、決まった位置という属性を本質的に持っていない、ということです。観測者が測定して初めて、決まった位置という量が現れ出ます。

逆にいえば、測定しなければ決まった位置という量は現れ出ません。相変わらずあらゆる位置に同時に存在しているような、曖昧《あいまい》な状態が続きます。すなわち、観測者の測定行為が粒子の状態を劇的に変化させてしまいます。

これは直観的に非常にわかりにくい事実ですが、次のような例を考えてみるとよいでしょう。

今、ある人が昼食にそばを食べるかうどんを食べるか迷っているとします。ここで他の人が、今すぐどちらにするか決めてくれ、と強制的にその人に結論を迫ったとします。その結果、その人がそばにすると決断したとしましょう。このとき、あらかじめそばにすると定まっていたわけではありません。聞かれる前には、どちらの可能性も同時に兼ね備えていました。結論を迫ることによって初めて、そばという結論が現れ出ました。もし、結論を迫らなければ、決断が先延ばしにされます。結論を迫ることがこの人の状況を劇的に変化させてしまいます。そしてその後の行動を大きく左右します。

この例と同じように、量子論では測定するまで値がはっきり決まっていません。その値はある確率的な広がりを持ってゆらいでいると考えられます。そして、観測者の測定行為により、可能性のひとつにすぎなかった値が現実化します。測定によりどの値が現実化するかは、純粋に確率的に決まります。これが量子ゆらぎです。

量子ゆらぎは、主に非常に小さい世界で顕著になる効果です。私たちが日常で経験している世界はそれよりもずっと大きな世界なので、そこでは量子ゆらぎが非常に小さく、ほとんどの物体の性質はいつでもはっきり決まっている、と考えても一向に差し支えありません。しかしそれは、厳密に決まっていることを意味しているわけではなかったのです。

さて、一般相対性理論では時空間がゆがみます。量子論の原理がどのようなものにも等しく当てはまるならば、細かく見ると時空間のゆがみもはっきりと決まったものではないはずです。

私たちが経験する大きな世界では、時空間がほとんどゆがんでいません。地球の作る時空間のゆがみはごくわずかなものです。つまり、時空間がほとんどゆがんでいないという状態にはっきりと決まっています。

しかし、小さな世界では時空のゆがみに量子ゆらぎがあり、そのゆがみ方はてんでばらば

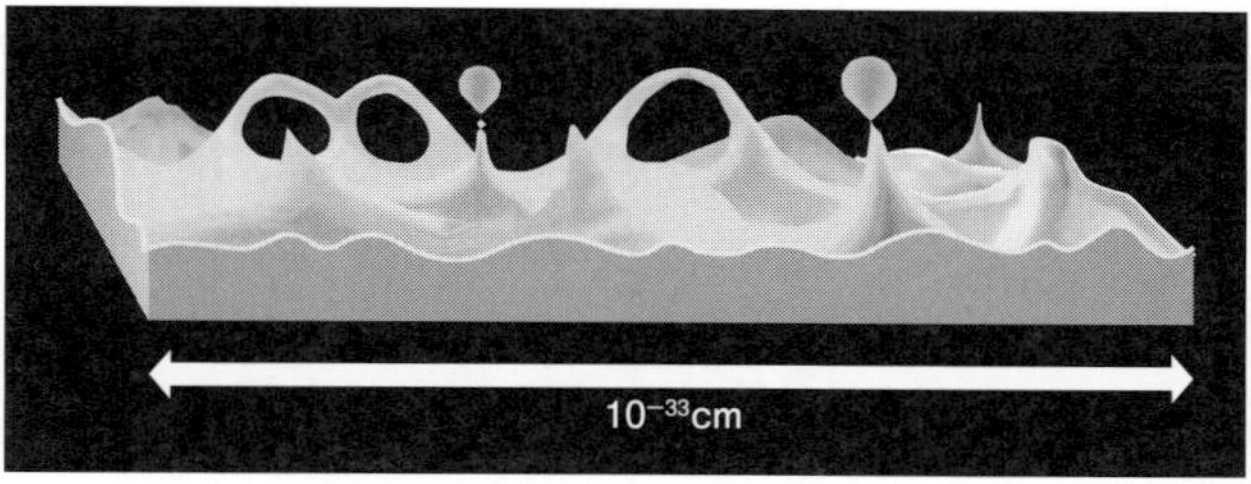

図13　確率的にゆらぐ時空間のイメージ。

らな形をしていることになります。これを想像するのに、海の表面を考えてみましょう。飛行機に乗って空高くから見ると、海面はほとんど平らに見えます。ところが、船に乗って海面を見ると、大きな波や小さな波がばらばらな方向へ進んでいて、その表面はゆがんでいます。

海の表面は２次元ですが、これと同じようなことが４次元の時空間でも起きていると考えられます。しかも、その小さな世界の波のようなものは、はっきり決まらずに確率的にゆらいでいることになります。時空間を細かく見ると、そういうすべての状態が量子ゆらぎとしての可能性を持つと考えられます（図13）。

海面には水しぶきが上がることがありますが、これと同じように時空間のゆがみがひどくなると、時空のしぶきのようなものができることもあるでしょう。つまり、まれに時空間が他から切り離されて、分離してしまうこともあると考えられます。

この時空間のしぶきのようなものは、私たちの宇宙と切り離されているので、その間をお互いに行き来することができません。つまり、別の宇宙と考えられます。もちろん、量子論の世界ですから、その宇宙は目に見えないほど小さく、しかも現実化すらしていない確率的な量子ゆらぎです。これを「ベビー・ユニバース」（赤ちゃん宇宙）といいます。

ベビー・ユニバースは量子ゆらぎですから、まさに海面上のしぶきのようにすぐに消え去ってしまう儚《はかな》い存在です。しかし、ごくまれに大きな宇宙へ成長する可能性もあります。いったん大きな宇宙になると、それは量子ゆらぎの範囲を脱して、私たちとは別の宇宙として存在するようになるかもしれません。

もしかすると、私たちの宇宙自体も、このようにして他の宇宙から分離した量子ゆらぎから始まったのかもしれません。

2-13　宇宙は「無」から始まったのだろうか

今、大きな時空間から水しぶきのように分離した量子ゆらぎとして、宇宙が生まれた可能性を考えました。しかし、このような量子ゆらぎは、はじめに大きな時空間がなかったとしても発生する可能性もあります。

このように、時空間すら存在しない状態から宇宙が生まれる可能性は、1982年にアレクサンダー・ビレンキンにより指摘されました。時空間すらない状態を想像するのは困難ですが、とりあえずそれは「無」と名付けられました。宇宙は「無」から始まったというわけです。

この「無」には時間すらないので、順序の前後関係というものがありません。こうなると、この「無」がなぜ始まったのか、などという問いには意味がなくなります。なぜなら、始まりというのは時間があってこその概念なので、「無」には縁のないことだからです。まるで禅問答のようです。

しかし、この「無」には、宇宙を生み出す能力が備わっています。その意味では単に何もないというだけのことではありません。時間も空間もなく、もちろん物質のようなものもない、しかし宇宙を生み出す可能性だけが秘められた存在、そういうものが「無」なのです。

ここで読者は混乱してきたかもしれませんが、それも無理はありません。逆に何の疑問もなく理解したという人がいたら、そちらのほうがおかしなことです。私たちは時間や空間のある枠組みの中でしか、ものを考えられないという宿命にあります。人間の思考そのものが時間順序に沿って行われるものだからです。

宇宙を極度に単純化したモデルに量子論を当てはめてみると、一応、宇宙が「無」から生まれる様子を表すかもしれない方程式が得られます。実際に物理学者がしていることは、この方程式で空間の大きさがゼロになる時点を「無」と呼んだだけのことです。「無」とは何かということが、本当の意味で理解されているわけではありません。

この方程式の解は無数にあるので、そのうち、どの解が現実の宇宙を表すのかという問題があります。方程式の解を決める条件が必要です。これを「境界条件」といいます。ビレンキンはひとつの境界条件を提示しましたが、それとは異なる条件を提案したのが、ジェームス・ハートルとスティーブン・ホーキングでした。

ホーキングは車いすに乗った天才としても有名な物理学者で、読者の中にも知っている方は多いでしょう。彼らの提案した境界条件は、宇宙の始まりに「特異点」があってはならない、というものです（図14）。

特異点というのは数学用語ですが、簡単にいえば時空が尖《とが》っているような場所です。このような時空の尖りは物理的に不自然だ、というのが彼らの主張です。そのような尖りのない時空間だけが量子ゆらぎになるのだと考えて、先ほどの方程式の解を決めたらどうだろうか、

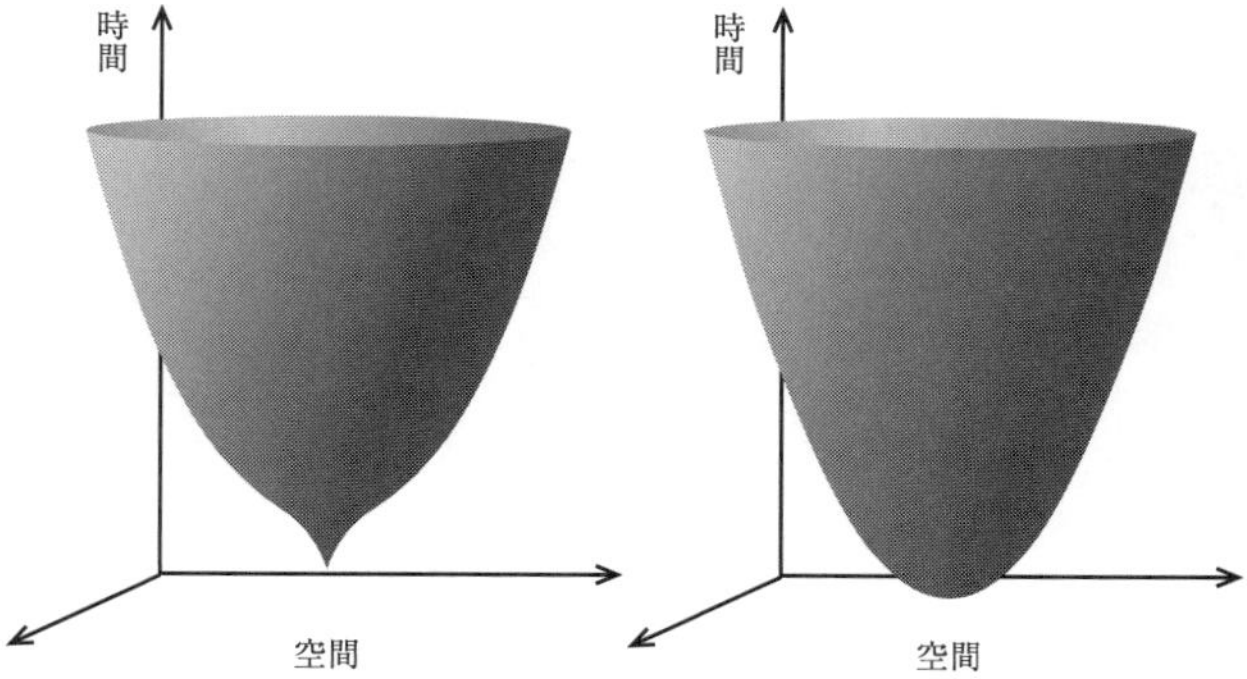

図14　宇宙の始まりに特異点がある場合（左）とない場合（右）。

という提案です。

しかし、それはあくまで有望な提案ではあっても、どのように境界条件が決まるかという問題にはいまだに決着がついていません。この提案をするにあたり、技術的な理由で彼らは時間を虚数にして考えてみました。いわゆる「虚時間」ですが、これは純粋に数学的なトリックです。ホーキング自身は虚時間のほうが自然界の時間であって、人間にはそれが虚数に見えているだけではないかと考えているようです。しかし、そういう証明がなされているわけではなく、この境界条件自体が正しいという保証もありません。

それ以前に、最初の方程式自体が、本当にこの宇宙の特徴を捉えているかどうかも、かなり曖昧なままです。このへんはまだ、私たちの知識の球からだいぶ離れた外側を手探りで垣間見ようとしているにすぎません。

2－14　そもそも時間とは何なのか

宇宙の始まりとともに時間も始まったのだと考えると、それ以前には時間が流れていないのだから、宇宙の始まりの前が何だったのか、という問題はなくなります。しかし、そんなことを言われても、なんだかだまされたような気がする、と思う方も多いのではないでしょうか。

よく考えてみると、時間が始まるとか終わるとかいうのも変な話です。普通の言葉で「始まる」というのは、ある時刻よりも前に存在しなかったことが、それ以後に存在し始める、ということです。そこには背後に時間の流れが想定されています。

しかし、宇宙が量子的に始まるという観点からすると、その宇宙の中にのみ時間があり、その背後に時間の流れはありません。これは先ほど出てきた「無」からの宇宙創世を表すかもしれない方程式の中でも、具体的に示されています。

この方程式が正しく宇宙の本性を捉えているならば、時間というのはこの宇宙の内部だけで意味を持つ秩序なのだということになります。この宇宙を生み出す土壌ともいうべき「無」には時間という存在はなく、空間や物質などとともに時間も一緒に現れ出てきたということになります。

この考えの上に立つと、宇宙の始まる前に何があったかを問うことはちょうど、地球上で南極よりも南に何があるかを問うようなものです。地球上に南極より南という場所は存在しませんが、それは不思議なことではありません。北や南という方向自体が、地球上だけで意味を持つ秩序だからです。

私たちは、時間が常にものごとの背後に流れていると感じています。そうではない状況など経験したくともできません。でも、それはこの宇宙の中だけのことだったなんて何たること！　と叫びたくなる気持ちを抑えて、先に進みましょう。

こう考えてくると、そもそも時間とは何なのか、という深遠な問題にぶち当たります。

余談ですが、英語を習いたての人が今の時刻を尋ねようとして、外国人に、

What is time?

と言いました。その外国人は「ウーン」と考え込んでしまったそうです。時刻を聞いたつもりが、「時間とは何ですか」という哲学的な質問をしてしまったというオチです。ちなみ

にこの場合は、
What is the time?

のように「the」をつけて聞けば、ちゃんと時計を見て時刻を教えてくれます。

それはさておき、時間とは何でしょうか。私たちは当たり前のように時間の中に生きていて、あらためてそれが何かと聞かれると困ってしまいます。

初期キリスト教の神学者、聖アウグスティヌスの有名な言葉に、

「時間とは何か、誰からも尋ねられなければ、私はそれをわかっている。誰かに尋ねられて説明しようとすると、私はそれがわからなくなる」

というものがあります。まさに言い得て妙です。

私たちは現在という時間にだけ生きています。過去や未来は、人間の頭の中で記憶を呼び戻したり、これから起こることを想像したりしている中にしかありません。そして、現在という時刻は過去から未来へと常に移動し続けています。時間は誰にとっても1秒あたり1秒の速さで過ぎ去っていってしまいます。

いったいこのような時間の性質は、どういうわけで生じているのでしょう。考えれば考えるほどよくわからなくなります。ずっと考えていると、時間が存在するというのは幻想では

ないかとも思えてきます。時間が流れているというのは人間などの動物に固有の感覚で、本当は時間など流れていないのではないのか、と。確かにそう考えても矛盾はないですが、人間の意識のメカニズムという難しい問題に行き着きます。

もう少し物理的に考えてみましょう。例えば、私たちは時計の針を見て時間を知ることができます。しかしそれは、時計の動きと自分の行動を照らし合わせているにすぎません。あるいは太陽の傾きでだいたいの時間がわかりますが、それも、地球がどれだけ回転したかという動きと照らし合わせているだけです。

時間というものを直接見ることはできません。２つ以上の物体の動きを照らし合わせるとき、その順序関係を表すために考えられたものが時間です。２つ以上の物体の動きを観察することで、初めて時間の存在をうかがい知ることができます。物体などの何もない中で、時間だけを観測することはできません。このように、時間の存在は、粒子や物質などの存在とは異質のものです。

ここで述べたような時間の異質な性質は、空間についても当てはまります。空間も、それ自体を直接見ることはできません。２つ以上の物体がなければ、その間にある空間の存在をうかがい知ることはできません。

通常の物体に量子論を当てはめるのと同じように、時空間に量子論を当てはめてもうまくいかないのは、このような異質さを考えると、ある程度は納得のいくことかもしれません。

一般相対性理論は時間や空間の従う法則を明らかにし、量子論は小さな世界の従う法則を明らかにしました。これらの理論を個別に使って計算する限り、現実世界を忠実に再現することができます。それだからといって、時間や空間の本質的な正体や、量子論の奇妙な確率性がどこから来るのか、などという本質的な意味までが明らかになっているというわけではありません。

このような本質的なところを明らかにしていくことが、この両者を統一する理論を見つけるのに必要なのかもしれません。そして、宇宙の始まりがどうして起きたのかを明らかにするためには、時間とは何かという深遠な問題も含め、物理法則に現れる量の深い意味まで同時に明らかにしていかなければならないでしょう。

［第3章］

宇宙の形はどうなっているのだろうか

３－１　宇宙飛行士の行く宇宙は地球のごく近傍

　ここまで時間を軸に宇宙の姿を考えてきて、ある意味で究極の問題にまで行き着いてしまいました。そこで視点を変えて、ここからしばらく、空間的な広がりという観点に軸を移して宇宙の姿を考えてみましょう。そこで、まずは私たちの身近な世界に戻って地球の周りから出発し、徐々に宇宙全体へと考えを進めてみることにします。

　みなさんが普段の生活で宇宙という言葉を聞くのは、宇宙飛行士がスペースシャトルなどで宇宙へ行ってきたとか、国際宇宙ステーションへ行ってきたというニュースなどが多いと思います。

　宇宙へ行ってきたというと、ずいぶん遠いところへ行って帰ってきたと思うかもしれません。でも実は、宇宙ステーションがある場所というのは、地面からの距離が３００～４００キロメートルのところにすぎません。

　スペースシャトルで宇宙へ行って帰ってくる場合も似たようなものです。地面からの距離はわずか東京・大阪間程度のものでしかありません。

地球の直径は１万３０００キロメートル近くありますから、それに比べると数百キロメートルの距離などは取るに足りません。遠くから見ると地球の表面すれすれのところを周回しているだけです。地球を直径１メートルの球だとすると、その表面からわずか数センチメートルのところをぐるぐると回っているのと同じです。

そんなに地球のそばにいるのに、なぜスペースシャトルや宇宙ステーションは地面に落ちてこないのでしょうか。ある程度物理を習った人は知っているように、それらは地球の周りを猛スピードで回るので、遠心力と重力が打ち消し合うためです。宇宙ステーションやスペースシャトルの中にも地球の引力は働いているのですが、遠心力がちょうど逆向きに働くことで打ち消し合い、無重力状態になります。

宇宙からのテレビ中継の映像を見たことのある人は、それを思い出してもらえるとわかるように、宇宙飛行士の動きは地球上とは全く異なって、フワフワしています。このため、地上とは異なる別世界のような感じを受けますが、実際には宇宙飛行士が行っている宇宙は全然遠いところではありません。

一方、今から40年以上前の１９７０年前後、アメリカでアポロ計画というものが実行されました。巨額の資金を投じて、何人もの宇宙飛行士が月に行って帰ってきました。読者の年代によっては、ライブで中継を見た、という方もいらっしゃるでしょう。その頃は科学が万能だと思われていました。

月は地球から約38万キロメートルも離れています。たかが地上から数百キロメートルの宇宙ステーションなどとはわけが違い、かなり遠いです。さきほどと同じように地球を直径1メートルの球だとすると、30メートルも先にあることになります。

このように、同じ宇宙でも、宇宙ステーションと月とでは、全く距離が違います。しかし、宇宙というのは実感の伴わない世界なので、正しく距離を想像するのが難しいのは無理もありません。

3－2　太陽系の大きさとは

これが太陽までの距離となると、さらに遠くなって、約1億5000万キロメートルになります。月までの距離の約400倍の遠さです。先ほどと同じように地球が直径1メートルだとすると、10キロメートル以上先にあることになります。これほどまでに遠くに位置しているのに太陽はあれほど明るく見えるのですから、太陽の明るさは相当なものです。太陽の大きさも、直径にして地球の100倍以上あります。体積にすると100万倍以上です。それでも、地球は太陽系の中では太陽の比較的近くを周回しています。

みなさんもご存じのように、太陽の周りにはいくつもの惑星が周回しています。「水・金・地・火・木・土・天・海・冥《めい》」と覚えている方も多いと思います。これらはもちろん、惑星の名前を覚えるための惑星の頭文字で、水星、金星、地球、火星、木星、土星、天王星、海王星、冥王星《めいおうせい》、を表しています。

ここで最も遠くを周回している惑星は、2006年以前は冥王星でした。といっても、2006年に冥王星がなくなったわけではありません。冥王星の大きさは他の惑星に比べて極端に小さく、2006年から冥王星は「準惑星」に分類されることになって、正式の惑星とは呼ぶことができなくなったのです。このため、今では太陽系の最遠惑星は海王星ということになっています。

惑星と呼ばれなくなったといっても、冥王星が太陽系の一員であることに変わりはありません。太陽系の天体には、惑星以外にも様々なものがあります。冥王星までの距離は、地球と太陽の距離の約40倍です。地球が直径1メートルなら、冥王星は400キロメートル以上先にあることになります。

3－3　夜空に見える星の遠さ

宇宙には太陽のような恒星が、文字通り星の数ほどあります。恒星同士はとても離れていて、その間には果てしのない空間が広がっています。太陽に最も近い恒星は、ケンタウルス座アルファ星という三重星の中のひとつ、プロキシマ星という暗い星です。この星までの距離は、地球と太陽の距離の実に約30万倍近くもあります。さきほどと同じように地球を直径1メートルとすると、３００万キロメートルほど先にあることになります。

あまりに遠すぎてわけがわからないので、もっと小さくして考え、太陽を直径1センチメートルのパチンコ玉くらいの球だと思ってみましょう。このとき地球は０・1ミリメートル程度となって、ぎりぎり目に見えるかどうかの、とても細かい砂粒くらいになります。そして、太陽の周りを半径1メートルの円を描いて周回していることになります。

そう考えたとしても、お隣のプロキシマ星は３００キロメートル以上も先にあることになり、東京・名古屋間の直線距離よりも遠くなります。いかに恒星と恒星の間の空間が広大か、少しでも実感できるでしょうか。

惑星などを除いて、夜空に見えている星はすべてプロキシマ星よりも遠くにあります。そんなにも遠くからやってくる光を私たちは肉眼で見ています。

光は1秒間に約30万キロメートル進むことができます。これはだいたい地球を横に23個あまり並べた距離に相当します。光は月から地球まで1秒あまりで到達します。太陽から地球までは8分あまりで到達します。それほどに速い光でも、お隣のプロキシマ星と地球の間を進むには4年以上もかかります。

光が1年に進む距離は「光年」という単位です。人間にとってこれはとても長い距離で、1光年は9兆5000億キロメートルほどです。この単位を使うと、地球からプロキシマ星までの距離は約4光年と表すことができます。

夜空には肉眼で見える星がたくさんあります。都市部では、街の光が夜空を明るくしてしまっているので、暗い星を肉眼で見ることがすっかりできなくなりました。そこには、ごく限られた明るい星がまばらに見えるだけです。

でも、都市部から遠く離れて山間部や海上へ行くと、都市部では全く見ることのできない、息をのむような星空が見られます。街灯《あか》りもなく、月も出ていない暗い夜空に見える星は、普通の視力の人にとって6等級ぐらいまでの星です。これは空全体に3000個ほど見えます。

肉眼で見える星の大半は、１０００光年ぐらいまでの距離にあります。それよりずっと遠くにある星は見かけが暗すぎて見えません。でも、肉眼で星の見えない夜空の闇の中にも、実際には星がたくさんあります。

３－４　天の川銀河系の姿

みなさんは天の川を実際に見たことがあるでしょうか。都市部ではほとんど見ることができませんが、田舎のほうへ行くと月の出ていない夜に見ることができます。

天の川は薄い光の帯のように見えます。この光の帯は、とても多くの星からの光が合わさったものです。ひとつひとつの星だけでは暗すぎるため、他の星のようにツブツブになっては見えていないのですが、たくさんの星があるのでぼんやりと光って見えます。

天の川は、天の川銀河系という私たちの住んでいる銀河を、内部から見た姿です。天の川銀河系は円盤状の形をしているので、内部から見ると細長い帯に見えるというわけです。

天の川銀河系全体では、約２０００億個以上もの星があると言われています。そのほとんどは遠すぎて私たちの目には見えません。夜空に見える星は、その中のほんのわずかな数です。つまり、想像もできないほど多くの星が、私たちに見える星空の闇の間には存在しているということです。

さきほど見たように、星と星の間はものすごく離れています。そんな、スカスカな宇宙空間にもかかわらず、それほど多くの星が天の川銀河系に含まれているのです。ということは、天の川銀河系はとてつもない大きさだということです。その円盤の直径を見積もると、実に10万光年以上になります。

太陽が直径１センチメートルのパチンコ玉程度なら、天の川銀河系の直径は８００万キロメートルです。これまた、あまりに大きすぎて実感できる例えになっていません。そこでさらにまた小さくして、太陽系全体を2ミリメートルに縮めて考えてしまいましょう。つまり、太陽から冥王星までの距離を１ミリメートルだとしてみます。それでも、天の川銀河系の大きさは２００キロメートルほどにもなってしまいます。だんだん気が遠くなってくるのではないでしょうか。

天の川銀河系は図15（１１６ページ）のように中心部分が太った円盤のような形をしています。円盤状の部分には渦《うず》巻き模様が広がっています。中心部分の太った部分は棒状の形を

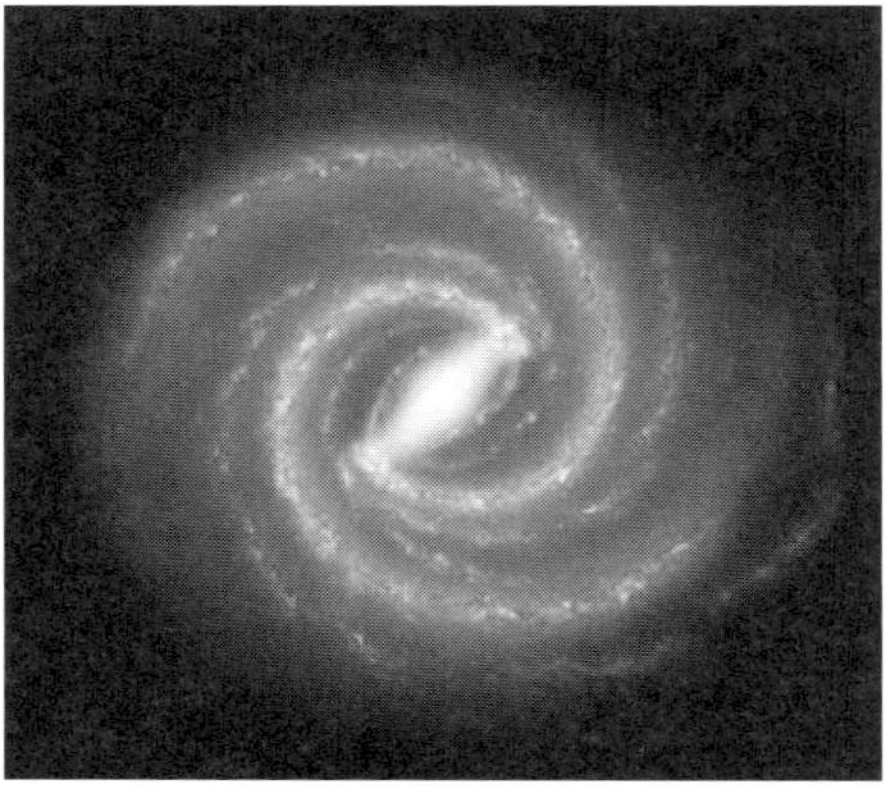

資料：http://www.nasa.gov/mission_pages/spitzer/multimedia/20080603a.html

図15　天の川銀河系の想像図。

していると考えられています。

私たちの太陽系は円盤状の部分にあります。天の川銀河系の中心からは、すこし外れた部分になります。日本から見られる天の川は、銀河系の円盤を太陽系から外向きの方向へ見た姿です。

日本は地球の北半球にあるので、南側の空には一部見えない部分があります。銀河の中心方向は、その見えない部分にあります。銀河の中心は天の川の太った部分になっていて、オーストラリアなど南半球へ行くと見ることができます。

3−5　銀河のいろいろ

　このように、気が遠くなるほど大きな天の川銀河系ですが、宇宙はさらに広大です。天の川銀河系は私たちの住んでいる銀河です。その他にもいろいろな銀河があります。私たちの銀河は比較的大きな銀河のひとつです。銀河の円盤の部分には渦を巻いたような模様があります。このような銀河は宇宙にありふれています。「渦巻《うずまき》銀河」と呼ばれる種類の銀河です。

資料：http://www.seds.org/messier/more/m087_image.html

図16　楕円銀河の例。

　これに対して、「楕円《だえん》銀河」という種類の銀河も宇宙にありふれています。これは渦巻状の模様を持たず、文字通り楕円形をした星の集まりです。図16は楕円銀河の例です。

　大きな銀河の多くは渦巻銀河か楕円銀河のどちらかに分類できます。どちらともつかない中間的な形状をしたものもありますが、それは「レンズ状銀河」と呼ばれます。他にも、決まった形を持たない不規則な形の銀河もあり、それらは「不規則銀河」と呼ばれています。

私たちの天の川銀河系の近くには、小さな銀河がいくつかあります。小マゼラン雲と大マゼラン雲は、天の川銀河系のお隣さんです。これらは地球上では南半球からしか見られないので、日本からは見えません。2つとも不規則銀河で、大きさは天の川銀河系の10分の1ほどです。大マゼラン雲は地球から約15万光年、小マゼラン雲は約20万光年の距離にあります。気が遠くなるほど遠いには違いありませんが、私たちの銀河の直径10万光年に比べると、すぐ隣にあるともいえます。

資料：http://apod.nasa.gov/apod/ap061126.html
図17　アンドロメダ銀河。

大きな渦巻銀河で、私たちの一番近くにあるのが「アンドロメダ銀河」です(図17)。地球からの距離は約230万光年で、大小マゼラン雲よりも10倍以上離れたところにあります。

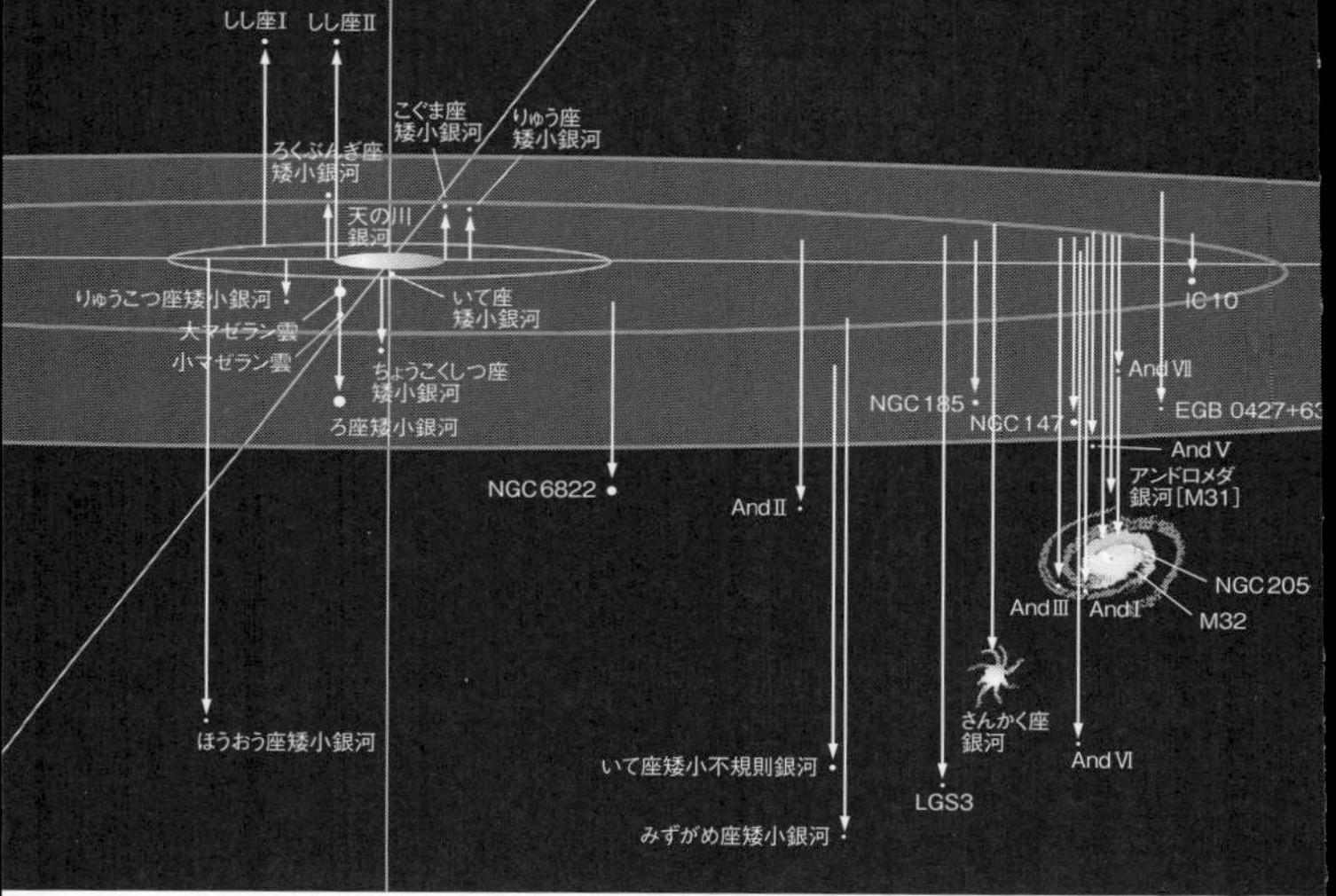

資料：Astronomy Magazine, February 22, 2005, Roen Kellyによる図をもとに作成

図18　局所銀河群。

直径は天の川銀河系の2倍以上あり、約26万光年もあります。

アンドロメダ銀河のそばには、「さんかく座銀河」という渦巻銀河もあります。大きさはアンドロメダ銀河に比べると5分の1ほど、直径5万光年程度の銀河です。

ここまで見てきた銀河たち、すなわち私たちの天の川銀河系、大小マゼラン雲、アンドロメダ銀河、そしてさんかく座銀河の5つの銀河は、「局所銀河群」と呼ばれる銀河の群れの主要なメンバーになっています（図18）。これら5つの銀河の他にも、40個以上の小さな銀河がこの局所銀河群の中に存在します。

3-6 銀河群、銀河団、超銀河団

このように、銀河というものは多数が群れ集まる性質を持ちます。これは銀河同士の間にも万有引力が働いているからです。

万有引力はニュートンが発見した力です。世の中にあるどんな物体同士の間にも、引き合う力が働くという性質があります。ただ、私たちの身の回りにある物体は軽すぎて、その間に働く力を日常生活で実感することはありません。

でも、片方の物体が非常に重いと、その力が私たちにも感じられるようになります。地球上で物体が下に落ちるのは、物体と地球との間に働く万有引力のためです。月が地球の周りを回り、遠く飛んでいってしまわないのは、月と地球の間に働く万有引力でつなぎ止められているからです。ただし、月が地球に落ちてこないのは、地球の周りを回転するときの遠心力で遠ざかろうとする力も働いているためです。この章の最初に説明した、宇宙ステーションが落ちてこないのと原理は一緒です。

同じように、太陽の周りを地球が回っていられるのも、銀河系がその形を保っていられるのも、すべて万有引力のおかげです。万有引力がなければ、この宇宙に現在あるような地球は誕生しませんでした。そもそも万有引力がなければ、私たちは地球上を立って歩くこともできず、宇宙空間に放り出されてしまいます。私たちは万有引力に日々感謝するべきなのかもしれません。

それはともかく、万有引力によって銀河は群れ集まります。私たちのいる局所銀河群の外にも、他の銀河群があります。銀河群の名前は、その銀河群が見える方向にある星座の名前から取られることがよくあります。例えば、「しし座銀河群」「りょうけん座銀河群」「ちょうこくしつ座銀河群」などが近くにあります。ちなみに、私たちの局所銀河群はりょうけん座銀河群の端のあたりに位置していて、その一部をなしています。

銀河群は多くても50個程度までの銀河の集団で、大きさは約500万光年程度です。それよりも大規模な銀河の集団は「銀河団」と呼ばれます。銀河団は50個から数千個ぐらいまでの銀河の集団で、大きさは約2000万光年程度です。一番近くにある銀河団は「おとめ座銀河団」です。他にも「ろ座銀河団」「エリダヌス座銀河団」「かみのけ座銀河団」などが近くにあります。銀河団や、それより小規模な銀河の集合は、自分自身の万有引力によってその形が保たれています。

銀河団よりもさらに大きな銀河の集団は「超銀河団」と呼ばれます。超銀河団は、銀河群や銀河団をその中に含んでいます。大きさは数億光年にも及びますが、はっきりした形を持たない不規則な構造をしています。どちらかというと、天体というよりはむしろ、大きなスケールで宇宙空間を眺めたときに、比較的銀河が多く存在する場所を超銀河団と呼んでいる、と言ったほうがよいようなものです。

私たちは「おとめ座超銀河団」の中にいます。おとめ座超銀河団は、おとめ座銀河団を中心として、その周りにある多数の銀河群を含んだものです。おとめ座超銀河団は「局所超銀河団」とも呼ばれています。近くにある他の超銀河団としては、「かみのけ座超銀河団」などがあります。

超銀河団は大きすぎるので、まだ万有引力でひとつにまとまっているとはいえない状態にあります。そのために不規則な形をしているというわけです。では、遠い将来にひとつにまとまるのかというと、それは宇宙の将来がどうなるかという、後ほど述べる問題に関係してきます。

3―7　複雑な宇宙の大規模構造

右で見たように、多数ある銀河は、宇宙の中で完全にバラバラと配置されているわけではありません。銀河団や超銀河団のように、銀河同士が群れ集まっている場所があるかと思えば、逆にあまり銀河の見られない場所というのもあります。このように、非常に大きなスケールで見た宇宙の構造のことを「宇宙の大規模構造」と呼びます（図19）。

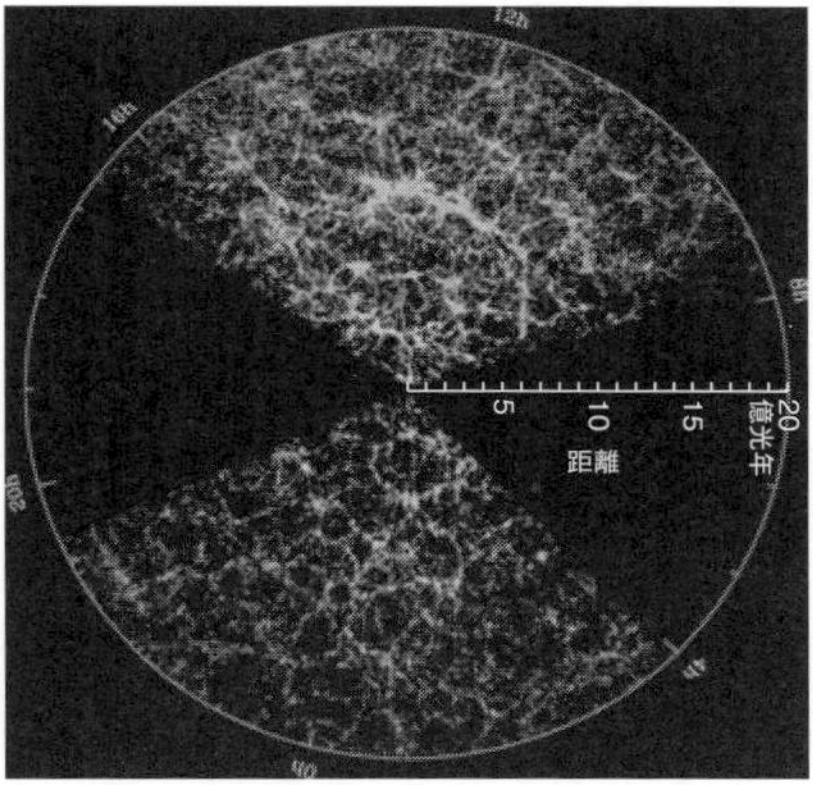

資料：http://www.sdss.org

図19　宇宙の大規模構造。
スローン・デジタル・スカイ・サーベイにより調べられた銀河分布。見やすくするため、宇宙を薄く切った2次元空間における銀河の位置を表している。左右の黒い部分は観測をしていない領域。

銀河がほとんど見られない場所は、大規模構造の「空洞領域」、あるいは「ボイド領域」と呼ばれています。ボイド領域の大きさは広大です。それは差し渡し数億光年規模にもなります。宇宙にある数多くの銀河は、このようなボイド領域を取り囲むように存在しています。多数のボイド領域を、さらに多数の銀河が取り囲む様子は、よく大規模構造の「泡構造」と呼ばれています。水で薄めた石けん水にストローを入れて息を吹き込むと、ブクブクとたくさん泡ができます。この泡の様子が、ちょうど多数の銀河が形作る大きな構造に似ています。

空気の入っている泡の部分に対応するのがボイド領域です。一方、せっけん水の膜でできた泡の表面に対応するところには、銀河が多数あります。泡の例えでいえば、泡と泡を隔てる膜は面状（シート状）になっています。この面は2つの泡を隔てています。同じように、ボイド領域とボイド領域の間には銀河がシート状に分布していて、大規模構造の「シート構造」と呼ばれます（図20）。

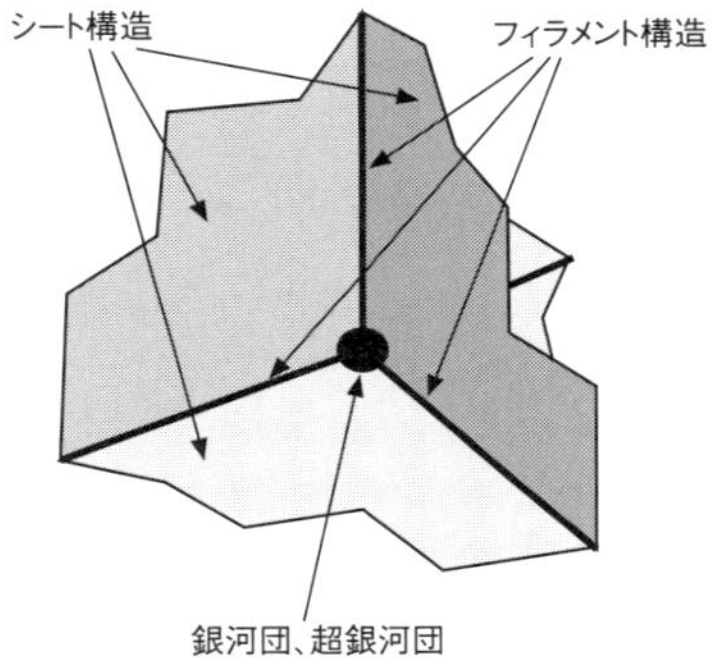

図20　大規模構造の概念図。

このようなシートが他のシートと交わる場所があります。そのような場所は線状（フィラメント状）になっています。この線は３つの泡が交わる場所になっていて、その周りには３つの面がつながっています。このようなところでは銀河も線状に分布していて、大規模構造の「フィラメント構造」と呼ばれています。このフィラメントの上では、その周りにあるシートの上よりも、さらに多くの銀河が存在しています。宇宙の中でも目立つ構造です。

さらに、このフィラメントが交わる点があります。そのような点は４つの泡が交わる場所になっていて、そこから４本のフィラメントが延びています。ここはフィラメントの上よりもさらに銀河が多く集まっていて、節《ふし》のようになっています。実はこの場所はおおまかに、前に述べた銀河団や超銀河団に対応する場所となっています。

実際の宇宙の大規模構造は、石けん水の泡のようにくっきりとした構造ではありません。もう少しぼんやりとした構造です。ボイド領域にも全く銀河がないというわけではなく、シート構造の場所にも一様に銀河が広がっているわけでもありません。むしろ、薄ぼんやりとした泡構造とでもいう感じです。

3－8　見えない宇宙の全体構造

数億光年にも及ぶスケールの宇宙の大規模構造ですが、このような構造は宇宙の奥深くまで広がっています。今のところは、泡構造を超えるさらに大きな構造というものは見つかっていません。どこまでも泡構造をした宇宙がずっと広がっていると考えられています。

しかし、いったい宇宙は無限に広がっているのでしょうか。その答えはまだ誰も知りません。私たちは宇宙を無限に遠くまで見ることができず、理論的に決める確実な手段も持ち合わせていないからです。

前述したように、宇宙というのは今から約１３７億年前に、「ビッグバン」という大爆発によって始まり、その爆発の余勢でずっと大きくなり続けています。この１３７億年間に光が進むことのできる距離は１３７億光年です。私たちは光を使って宇宙を調べるため、宇宙が始まってから現在までに光が進むことができるこの距離よりも、さらに向こう側のことは知ることができません。

ここで１３７億光年というのは光が進んだ距離ですが、実際には宇宙は膨張しています。

すると、光が最初に出発した場所は現在、この膨張で引き延ばされた分だけ遠くにあるので、実際の現在の距離にすると、もう少し大きくなります。それでもたかだか４７０億光年くらい先までしか見えません。

つまり、私たちに見える宇宙の半径は、どう頑張っても４７０億光年だけです。それより向こう側の宇宙がどうなっているか、それこそ逆立ちしても見ることはできません。地球上でも海岸に立って海を見ると地平線が見えますが、その向こう側がどうなっているのかは見えません。宇宙にも、そこから先が見えないという地平線があります。

海の地平線の場合は、船に乗って進んでいけば地平線の向こう側も見ることができます。しかし、宇宙の地平線はあまりにも遠く、百年と生きられない人間には、何百億光年も先まで行ってみるということができません。

それでは、宇宙全体がどうなっているのか、全くうかがい知ることができないのでしょうか。直接見えない場所がどうなっているのか、直接観測では確かめられませんが、理論的に推測することはできます。もし、私たちに見える宇宙と同じような宇宙がずっと広がっている、つまり宇宙が一様であるとすると、宇宙の全体の形はだいたい3種類に分類できます。それを次に説明していきます。

3－9　2次元空間で宇宙の形を考えてみる

「宇宙の形」と言われてもあまりピンとこないかもしれません。そこで、宇宙空間が2次元の面だと仮想的に考えてみましょう。実際の宇宙空間は、縦・横・高さ、の3つの方向を持っています。3つの方向を持つのは、宇宙空間が3次元だからです。これに対して、2次元の空間というのは、縦・横の2つの方向しかありません。これは例えば紙の表面などがそうです。

3次元の空間の代わりに2次元の面を考えてみると、その形を想像することが容易になります。最も簡単で一様な2次元面は、真っ平らな平面です。どこまでも平らな面で、大きさは無限に広がっています。これを「平坦な2次元面」と呼びます。中学校では「三角形の内角の和は180度である」と習います。これは平坦な2次元面上に描いた三角形について成り立つ性質です。実は、次に述べるように、この性質が成り立たない2次元面というものがあります。

球の表面を思い浮かべてください。球の表面も2次元面ですが、真っ平らではありません。

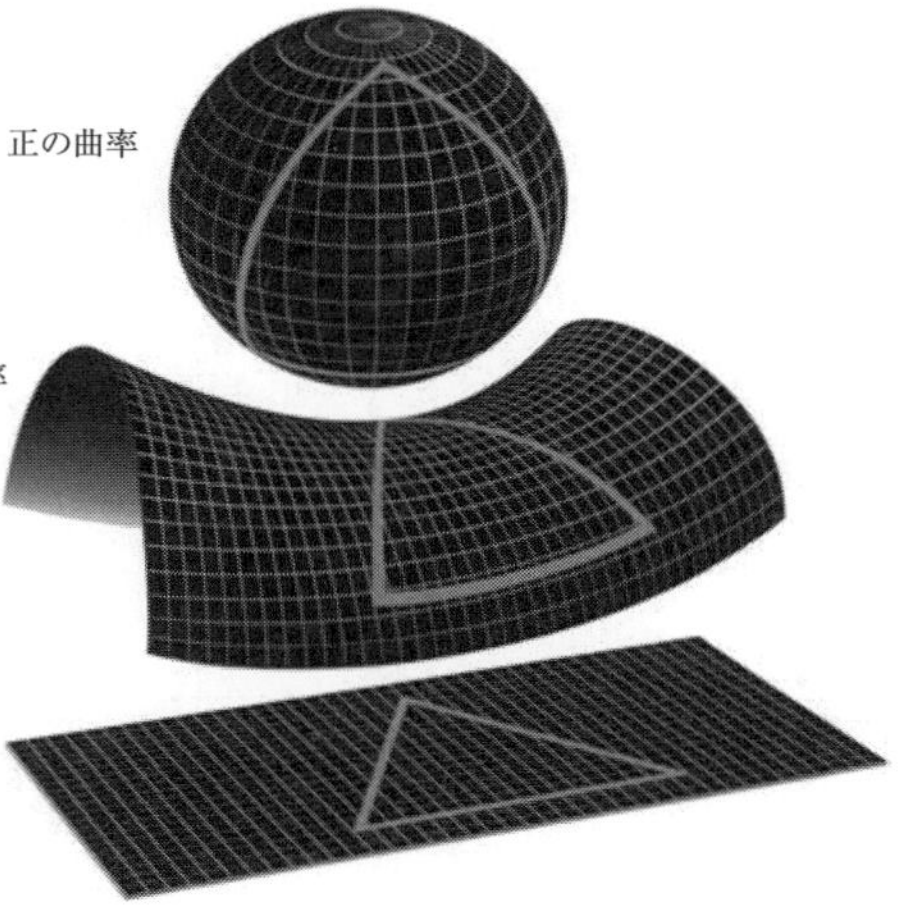

資料：WMAP/NASA, http://map.gsfc.nasa.gov/media/990006/index.html

図21　２次元面の３種類の形。

どこもかしこも曲がっています。そして、表面上のどの場所も同じようであり、特別な場所というのがない、一様な2次元の面です。このような面を、少し難しい言葉で「正定曲率の2次元面」といいます。曲率というのは、曲がりを表す比率のことです。詳しい説明は省きますが、この比率がどこでも一定で正の値になっているため「正定曲率」と呼ばれます。

この面の上に三角形を描くと、図21にあるように、内角の和は１８０度よりも必ず大きくなります。例えば、ある点から球面上にまっすぐ線を引いて、球を４分の1周し、そこから90度曲がってまた４分の１周し、さらにもう一度90度曲がって4分の1周すると、もといた場所に戻ります。このときの三角形の内角の和はちょうど90度×3＝270度になります。もっと小さい三角形では内角の和がこれよりも小さくなりますが、それでも180度よりも必ず大きくなります。実は、球面上に描いた三角形の内角の和が180度よりもどれくらい大きいかは、その三角形の面積に比例する、ということが数学的に証明されています。

ここまで、2次元面の形を2種類説明しました。ひとつは平坦な2次元面、もうひとつは正定曲率の2次元面です。これら2つは頭の中で想像しやすいと思います。また、どちらも面の上には特別な場所がありませんでした。これと同じように、どこにも特別な場所のない一様な2次元面で、これら2つの種類には当てはまらないものがもうひとつあります。この面の実際の姿を頭の中で正確に想像するのは少し難しいのですが、無理に描くと図21の真ん中のようになります。

これはちょうど山地における「峠」のようなものです。この面も曲がっているのですが、球の表面とは曲がり方が逆になっています。峠の場所では、ある方向へは下向きに曲がっていますが、それと直角な方向へは上向きに曲がっています。これに対して、球面の一点はゆるやかな山の頂上のような形で、どちらの方向も下向きに曲がっています。このように曲がり方が向きによって異なる峠のような場所は、数学的に「曲率が負である」といいます。

球面の場合は一様で特別な場所がありませんでしたが、図に描いたような峠では、峠の点が特別な場所になってしまっています。しかし実は、どの場所もこの峠の点に対応する性質を持っていて、どこにも特別な場所のない一様な２次元面というものが数学的に存在します。それはうまく図に表すことができないため、想像することが難しいと言ったのです。このように数学的に考えられた、どこもかしこも峠のようになっている２次元面のことを、少し難しい言葉で「負定曲率の２次元面」といいます。この２次元面は、数学的には半径の２乗が負、つまり半径が虚数の球面と同等です。といっても虚数の半径を思い浮かべることはできないので、その意味がよくわからなくてもかまいません。

この負定曲率の２次元面は、球面と正反対の性質を持っています。図を見るとわかるように、この面上に描いた三角形の内角の和は、球面の場合とは逆に、１８０度よりも必ず小さくなります。そして、１８０度にどれだけ足りないかは、その三角形の面積にやはり比例します。

ここで、宇宙の形をこのように２次元的なイメージで説明をしたときによく受ける質問があります。そのひとつは、宇宙が２次元の紙の表面のようなものだとすれば、その裏側は何なのか、というものです。これは2次元の面を、具体的な紙により説明したために生じる誤解です。本当の2次元面というのは表も裏もありません。具体的な紙には厚さがあるので表と裏がありますが、本来の2次元面には厚さがありません。このため、表と裏を区別することができないというのが答えです。

また、宇宙の形が例えば球面のようなものだとすれば、その球の中や外は何なのか、という質問もよくあります。これも、具体的な球を考えると当然出てくる疑問です。しかし、これも曲がった面の例として球面を持ち出してきただけで、その内部や外部に意味はありません。球面のように曲がった2次元の面は、それだけで数学的に存在することができます。これは、目に見えるように説明しようとしたとき、副産物としてどうしても生じてしまう誤解です。ただし、高次元時空を考える膜宇宙論などでは、そのようなところにも意味を持たせる場合があります。

3－10　3次元空間を持つ実際の宇宙の形とは

さて、ここまでに説明してきたように、どこにも特別な点のない一様な2次元面の形は3

種類に分類されました。つまり、平坦な2次元面、正定曲率の2次元面、そして負定曲率の2次元面、の3つです。実際の宇宙は3次元ですから、2次元の面に対するこの分類は実際の宇宙と異なると思うかもしれません。しかし面白いことに、3次元の宇宙空間に対しても、一様な宇宙は必ずこの3種類の分類のどれかになることが数学的に示されています。

3次元の曲がった空間というのは、想像するのが難しいでしょう。しかし、その3次元の空間にできるだけまっすぐになるような平面を取ってくることができます。3次元空間自体が曲がっているとき、その中に取ってきた平面は、真っ平らになることができません。平面が真っ平らでなければ、右に見たように正定曲率か負定曲率かのどちらかになります。もし宇宙が一様で、さらに特別な方向もないのであれば、3次元空間のどの方向へ平面を取ってきたとしても、正定曲率か負定曲率かという性質は変わりません。もちろん曲がっていない平坦な3次元空間に取ってきた平面はやはり平坦な2次元面になります。このように、一様な3次元空間の分類は2次元の面の場合と同じ3種類になります。

その3次元空間の形そのものを想像するのは難しいですが、こうして2次元的な類推で想像すれば、おおまかには理解できると思います。その3種類とは「平坦な3次元空間」「正定曲率の3次元空間」、そして「負定曲率の3次元空間」です。

平坦な3次元空間は、みなさんが最も素朴に思い浮かべる3次元空間です。それはまっすぐ無限に広がっています。この中に三角形を描くと、いつでもその内角の和は180度になります。空間全体の大きさは無限です。

これに対して、正定曲率の3次元空間は体積が有限です。これは、2次元の場合に球面の表面積が有限になったことと対応しています。正定曲率の3次元空間中に取ってきた平面は、球面と同じ形になると説明しました。ということは、この空間中をまっすぐ進んでいくと、そのうちもといた場所に戻ってきてしまいます。これはちょうど、地球上でひとつの方向へまっすぐ進んでいった場合、いずれ地球を一周してもといた場所に戻ってしまうのと同じです。次元をひとつ増やした空間でみると、宇宙もそのような形をしている可能性があります。このような空間は無限に広がっていないため、「閉じた空間」とも呼ばれます。

一方、負定曲率の3次元空間は、平坦な空間と同様、無限に広がっています。空間は曲がっているのですが、曲がり方が正定曲率の場合と異なっているため、体積が無限に開いています。すなわち「開いた空間」です。正定曲率の空間とか負定曲率の空間という難しい言葉を使う代わりに、今後は「閉じた空間」「開いた空間」という言葉で表すことにします。平坦な空間は、閉じた空間と開いた空間のちょうど境目の性質になっています。閉じた空間と開いた空間では空間の曲がり方、つまり曲率が逆だと言いました。その曲率を正から負へ変化させていったとき、曲率がちょうどゼロになるのが平坦な空間です。

このような空間の形の分類は、一様な空間に対するものです。宇宙の中には銀河や大規模構造などのいろいろな構造があって、厳密には一様ではありません。しかし、大規模構造を超えた非常に大きなスケールでみると、宇宙はどこもかしこも同じような構造が続いています。このことから、宇宙は十分大きなスケールで一様であると考えられています。このため、可能な宇宙の形はここに述べた3種類に分類され、観測可能な範囲の宇宙の形はそのどれかひとつに当てはまると考えられています。

3－11　宇宙空間が奇妙な繋がり方をしている可能性も

ただし、この3種類の形以外に可能性が全くないというわけではありません。それは数学的に「非自明なトポロジー」と呼ばれる可能性です。これまでの3種類に比べると、多少人為的な空間になりますので、現在のところ標準的な理論となっているわけではありませんが、可能性としてあり得ない話ではありません。

例を挙げましょう。ある正方形の紙を想像してください。その紙の左端の辺が右端の辺に繋がっていると想像してみましょう（図22）。つまり、ある物体が紙の上を移動していったとき、左端の辺に到達した物体は、そのまま対応する右端の辺から出てくる様子を思い浮かべます。

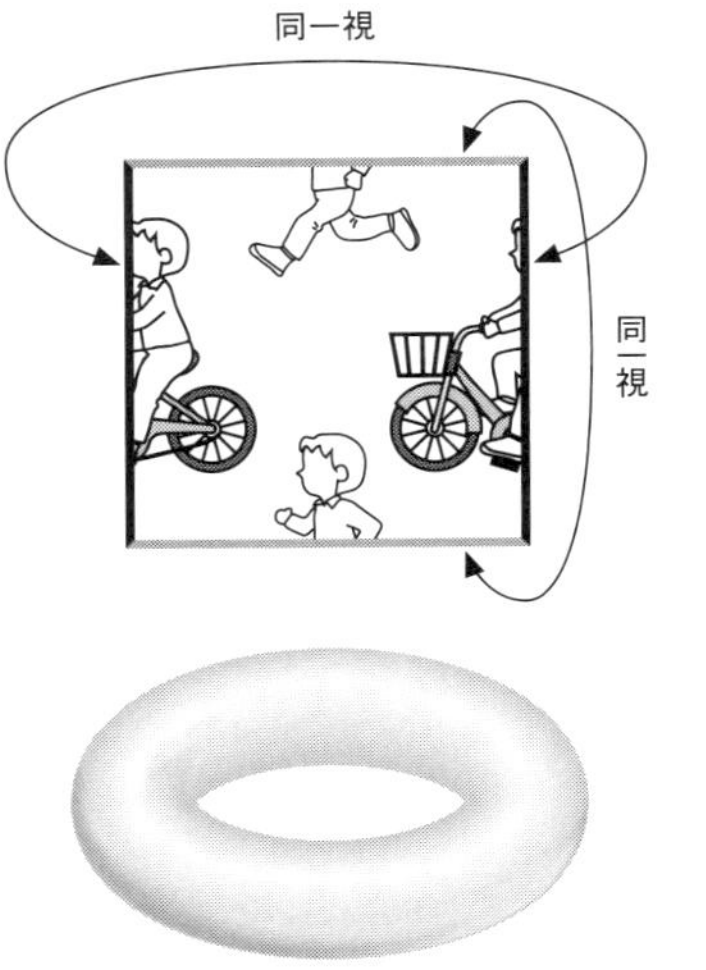

図22　トーラス構造。正方形の上下の辺を同一視し、左右の辺も同一視すると、下に描いたドーナツの表面と同じような繋がり方の空間となる。

同様に、この紙の上端の辺が下端の辺に繋がっているものとしてみましょう。するとこの2次元空間はどこも平坦で端がないのにもかかわらず、面積は有限になります。このような構造を「平坦トーラス」といいます。

ちなみに、このような全体構造は、ちょうどドーナツの表面のような構造と同じです。実際、正方形の紙の右端と左端をくっつけると円筒ができます。この円筒の上部と下部を繋げるとドーナツのような形になります。ただし、実際には円筒の上部と下部を繋げるときに円筒が曲がってしまいますので、具体的なドーナツの表面は平坦な2次元面でなく、平坦ではないトーラスになっています。しかし、平坦トーラスの近似的なイメージとしてよくこのドーナツ形が引き合いに出されます。

３次元空間でも平坦トーラスの構造を考えることができます。この場合は３次元の立方体を考えて、その上下、左右、前後にある面の対をそれぞれ繋げます。こうすることで、体積が有限で、平坦かつ一様な３次元空間ができます。この空間は平坦であるにもかかわらず、その中を一つの方向に進み続けると、もといた場所へ戻ってきてしまいます。

空間の繋がり方はトーラスの構造だけが唯一の可能性ではありません。トーラス構造でない繋げ方をすれば、他の構造を考えることもできます。このように、空間が奇妙な繋がり方をしていることを数学用語で「非自明なトポロジー」を持つといいます。非自明なトポロジーを持つ空間構造を許さなければ、宇宙の形は最初に述べた３つの可能性しかありません。

もし宇宙がトーラス構造など、非自明なトポロジーを持つ空間構造をしていると、観測によってその証拠を捉えられる可能性もあります。なぜなら、そのような空間構造では、ある方向に同じ構造を何度も見ることになるからです。

今のところ、観測によってこの宇宙が非自明なトポロジーを持っているという積極的な証

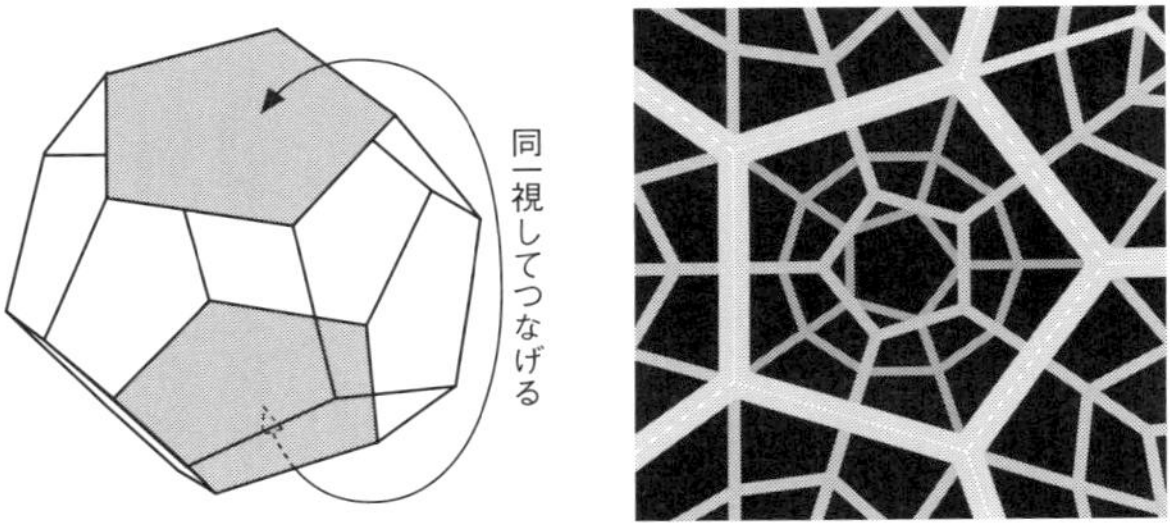

図23　ポアンカレ十二面体空間。内部が正曲率の正十二面体において、6対ある平行な面の組を同一視して繋げたものがポアンカレ十二面体空間である。内部にいる人に辺が見えるとすると右図のように見える。

拠は見つかっていません。しかし、WMAPで得られた宇宙マイクロ波背景放射の温度ゆらぎの解析を根拠にして、非自明なトポロジーを持つ可能性があるかもしれないと考えている研究者もいます。そのひとつの例として、「ポアンカレ十二面体空間」と呼ばれる非自明なトポロジーを持った空間があります。

この空間では、十二面体の内部の空間が単位になっています。図23のように、十二面体は五角形の面を12個持っています。その中のひとつの面を考えると、その向かい側にもうひとつの面が36度傾いて平行に存在しています。この2つの面を同一視し、ひとつの面を36度傾けてもうひとつの面に繋げて張り合わせてしまいます。十二面体をどう変形しても張り合わせることはできないのに、と思うかもしれません。でも、これもトーラス構造のときと同じように具体的な変形などを考えず、単純に面が繋がっていると頭の中で考えます。例えば上の面に突き当たった物体はそのまま下の面から、36度だけ回転して出てきます。こうして、内部にある物体はどこまでもこの十二面体の中に捉えられています。

ただし、ここで考えている十二面体は通常の正十二面体ではなく、内部の空間に少しだけ正の曲率を持たせています。曲率を持たない十二面体だと、張り合わせた辺や頂点の周りの角度が３６０度に満たなくなり、観測には見られない角度欠損を持つ空間になってしまうからです。

もし宇宙がこのようにポアンカレ十二面体空間の形をしているなら、トーラス構造の場合と同じように、宇宙に端はないのに体積は有限です。この仮定が正しいならば、ＷＭＡＰのデータを最もよく説明するのに必要なその十二面体の大きさは、差し渡し約３００億光年の可能性があります。もしそれが事実ならば、観測された宇宙マイクロ波背景放射は、宇宙をぐるりとひと回りして帰ってきたところを見ていることになります。

宇宙が本当にこのような形をしていると確認されたわけではなく、あくまでその可能性も否定できないということです。もちろん、他のトポロジーを持っている可能性も否定されていません。

このように、理論的には宇宙全体の形に対していろいろな可能性を考えることができます。しかしこれは、理論だけで結論を出すことができないことも意味します。実際の宇宙の形がどのようなものなのか、宇宙を観測によって詳しく調べることで徐々にわかっていきます。

現実の宇宙は平坦な3次元空間にとても近い、ということが観測によりわかっています。しかし、完全に平坦なのかどうかについての結論は出ていません。とても平坦に近いが、観測できないほどわずかだけ曲がっているかもしれません。この宇宙が開いた宇宙なのか、閉じた宇宙なのか、あるいは厳密に平坦な宇宙なのか、はたまた非自明なトポロジーを持った形をしているのか、今のところはまだどの可能性もあります。今は結論を急がず、今後の研究によって明らかになる日を待ちましょう。

〔第4章〕

宇宙を満たす未知なるものと宇宙の未来

4−1　宇宙の形と足りないエネルギー

前章で見てきたように、宇宙の形を考えるときには宇宙が全体としてどれくらいゆがんでいるかを表す「曲率」が重要でした。空間の曲率は一般相対性理論によって記述され、それは宇宙の中にある総エネルギー密度と関係しています。

ここで、現在の宇宙にある物質のエネルギーは、そのほとんどが「質量エネルギー」という形をとっています。私たちになじみのあるエネルギーといえば、電気エネルギーや石油エネルギー、また運動エネルギーなどですが、これらは質量エネルギーに比べると、宇宙の中では微々たるものでしかありません。

質量エネルギーとは、質量を持った物体なら、すべてが持っているエネルギーです。このエネルギーの存在も、アインシュタインの特殊相対性理論で明らかになりました。そのエネルギーの量は半端のない大きさです。もし、わずか1グラムの物質が持つ質量エネルギーを全部電気エネルギーに変えられるとすると、平均的な世帯の2000年分の電気エネルギーをすべてまかなえてしまうほどの量になります。

また、もしこの質量エネルギーを効率よく取り出すことができれば、地球上のエネルギー問題は解決するのですが、それは簡単なことではありません。原子力発電は、ある意味で質量エネルギーを電力に変換しています。すなわち、ウランの質量エネルギーを０・１パーセントだけ取り出しているにすぎないのですが、それでもかなり強力に電力を作り出します。

宇宙にあるエネルギーは宇宙の曲率を正の方向へ大きくしようとします。逆にエネルギーが宇宙に含まれていると、正定曲率の宇宙になります。もし十分なエネルギーが少なすぎると、負定曲率の宇宙になります。そして、ある「ちょうどよい量」のときに、宇宙の曲率はゼロになって平坦になります。

宇宙マイクロ波背景放射の温度ゆらぎを解析すると、宇宙の曲率はゼロに近いことがわかりました。ということは、宇宙にあるエネルギーの量は、ほとんどこの「ちょうどよい量」に等しい、ということになります。このちょうどよい量というのは、もしそれが質量エネルギーによって担われているとすると、だいたい地球１個分くらいの体積に０・０１ミリグラムほどです。私たちの感覚からするとずいぶん少ないように思えますが、宇宙空間があまりにも広大なので、これだけでもかなりのエネルギー量になります。

さて、宇宙に存在している元素が宇宙初期に形作られたことは第１章で説明しました。ビッグバン理論を元にした計算と観測とを比較すれば、現在の宇宙にどれくらいの量の元素が存在しているかを見積もることができます。その質量をエネルギーに換算すると、さきほど述べた宇宙に存在するはずのエネルギー量のうち、それはわずか４パーセント分しかないことがわかります。つまり、宇宙の形を説明するには、宇宙にある元素の質量エネルギーだけでは足りないということです。これでは、宇宙全体がエネルギー不足に陥ってしまいます。

残りの質量、もしくは残りのエネルギーは宇宙のどこにあり、その正体は何だというのでしょうか。これが失われた物質、あるいは失われたエネルギーの問題です。これに対する完全な答えはまだ得られていませんが、かなり研究は進んできています。これについて次に少し詳しく述べることにします。

４－２　正体不明の物質、ダークマター

宇宙のエネルギー不足を埋め合わせるものの一部は「ダークマター」もしくは「暗黒物質」と呼ばれる物質だと考えられています。

ダークマターが宇宙に満ちているのではないかという可能性は、天文学においてかなり古

くから知られていました。それは１９３３年に天文学者であるフリッツ・ツビッキーが行った解析にまでさかのぼります。

彼はかみのけ座銀河団の中にある銀河の運動を解析して、この銀河団の総質量を見積もりました。銀河団は銀河の集まりですから、その総質量は銀河の質量を足し合わせたものに等しくなるはずと考えられました。

ところが予想に反して、銀河団の総質量のほうが、中に含まれている銀河の総質量よりも、なんと４００倍以上も大きいという結論を得たのです。これはいったいどうしたことでしょうか。

ここから考えられる可能性は、一見なにもないように見える宇宙空間にも、実は大量の見えない質量が存在しているのではないか、ということです。しかし当時は、それを確かめる他の手段がなかったため、それ以上のことはわかりませんでした。

その後、宇宙のあらゆる場所に、なにか見えない物質のようなものが存在しているという証拠が数多くあがってきました。

１９７０年代、女性天文学者ベラ・ルービンたちは、渦巻銀河の回転の様子を調べることによって、銀河中にどのように質量が分布しているかを見積もりました。すると、銀河円盤のずっと外側、星がほとんど存在していないところにまで質量が広がっていると考えないとつじつまが合わなくなりました。そしてその見えない質量は、銀河中にある星やガスを合わせた質量の10倍以上にものぼることがわかりました。現在では、渦巻銀河だけでなく楕円銀河などの銀河でも同じような傾向が見られることがわかっています。

この他にも数々の天体観測によって、ダークマターの存在証拠があがっています。特に最近ではダークマターが宇宙空間にどのように分布しているかをもっとはっきり調べることもできます。それには一般相対性理論の効果により、重力のある場所で光の進路が曲げられるという事実を利用します。これを「重力レンズ効果」といいます。

ダークマターが集まっている場所があると、その背後にある銀河の像が重力によってゆがんで見えます。これを詳細に観測して注意深く解析すると、ダークマターがそこにどれくらいあるのか、比較的正確に推定できます。現在、そういう技術が実用化されて使われていま す。

比較的最近の有名な観測結果が図24に表されています。これは「弾丸銀河団」と呼ばれる銀河団で、2つの銀河団が衝突した直後と考えられる興味深いものです。図には銀河、ガス状の原子や分子、そしてダークマターの空間分布が重ねて表されています。銀河の場所は通常の光学望遠鏡で観測でき、ガス状の原子や分子はX線観測で測定されたものです。

この図をみると、ガス状の原子や分子はお互いに衝突して、ぶつかった場所にたまっています。一方、ダークマターはぶつかった場所をすり抜けてしまい、左右に分離しています。

つまり、ダークマターは通常の物質ともお互い同士とも相互作用することなくすり抜けてしまい、それは単に重力だけしか感じていない存在だということを意味します。

資料：http://apod.nasa.gov/apod/ap060824.html

図24　弾丸銀河団。白い色はガス状の原子・分子のある場所を表し、グレー色はダークマターのある場所を表している。

ダークマターが通常の物質と相互作用しないなら、これまでの地上で行われてきた詳細な素粒子実験で見つからなくても不思議ではありません。これまでの素粒子リストから抜け落ちている可能性が高いと考えられています。

ニュートリノはごく弱い相互作用しか行わないという点で、昔はダークマターの有力候補でした。ニュートリノが十分な質量を持っていれば、それがダークマターの正体なのではないかと考えられたこともありました。しかしその後、もしニュートリノがダークマターだとすると、現在観測されているような宇宙構造が作られない、ということが判明し、今では通常のニュートリノはダークマターの候補から外されています。

ニュートリノがダークマターの正体でなければ、素粒子の標準モデルにはもう候補となる素粒子がありません。ダークマターが何か粒子的なものならば、素粒子の標準モデルを超えた理論に含まれているもの、ということになります。ダークマターといえども、何らかの弱い相互作用をしないとは限りません。この場合には実験的にそれを検出できる可能性もあります。この考えに基づいて、現在ダークマター検出実験が世界中で多数行われています。いまのところはまだ確定的な結果は得られていませんが、将来的に見つかる可能性はあります。

もちろん、ダークマターという物質的なものは実は存在していない、という可能性もあります。この可能性を考える場合には、ダークマターで説明される銀河運動などの観測を、他の手段で説明しなければなりません。重力の標準理論である一般相対性理論が、実は銀河スケールで成り立っていないとするなどの理論です。そのような試みは修正重力理論と呼ばれ、これまでにも数多く考えられてきました。

しかし一般相対性理論を修正しようとすると、それが本来持っていた美しさや自然さを台なしにしてしまい、恣意《しい》的な理論になるのが避けられない運命にあります。さらに先ほどの図24の観測結果は、ダークマターが物質的なものであることを強く示していて、修正重力理論で説明するのは極めて困難です。このため、あまり説得力を持つ説とは考えられていません。ただ、ダークマターの正体が判明していない以上、それを説明しうるあらゆる可能性を理論的に探っておくことは必要でしょう。

ダークマターの問題は、宇宙観測と素粒子実験、そして素粒子理論や重力理論など、あらゆる手段を講じて明らかにすべき課題です。その先にはこの物質世界の理解を大きく広げるような進展が待っているでしょう。

さて、最初の問題に戻り、宇宙の曲率を説明するために宇宙にあるべき総エネルギーの不足分について考えます。この不足分はダークマターですべて説明できるのでしょうか。宇宙全体にあるダークマターの量を見積もる方法はいくつかあります。ダークマターの量によって、宇宙マイクロ波背景放射の温度ゆらぎの性質が変わります。宇宙の大規模構造の特徴もまた変わります。それを理論的に求めて観測と比較すると、宇宙にどれくらいのダークマターがあるのかを求められます。

しかし、どの方法で見積もってみても、ダークマターだけでは宇宙にあるべき総エネルギー量の不足分にまだ足りないことが明らかになっています。ダークマターの持つ質量エネルギーは、宇宙の総エネルギー量のうち23パーセントしか占めていないことがわかっています。元素の質量エネルギーと合計しても27パーセントにしかなりません。では、残りの73パーセントはいったいどこへ消えてしまったのでしょうか。元素でなく、ダークマターですらもないエネルギー、そんなものが宇宙にあるとでもいうのでしょうか。これは現在でも大きな謎です。とりあえずその不足分を埋めるエネルギーの名前だけは付けられています。それは「ダークエネルギー」もしくは「暗黒エネルギー」と呼ばれています。

4－3　宇宙の膨張は加速している！

星や銀河のように光ることもなく、ダークマターのような物質ですらない、そんな存在がダークエネルギーです。このエネルギーの正体は、現代物理学をもってしても全くの不明であり、その正体を明らかにすべく、現在、世界中で精力的に研究が繰り広げられています。

ダークエネルギーは、宇宙のエネルギー不足を埋め合わせるものという意味もありますが、その存在が脚光を浴びているのには、もうひとつの理由があります。それは、宇宙の膨張を加速させる原因となっている、ということです。

宇宙の膨張は徐々に遅くなっていくというのが、以前の標準的な宇宙論の考え方でした。通常、重力というものはお互いに引き合うだけで、反発力にはなりません。宇宙の膨張は重力により支配されているので、お互いに引き合う力は膨張を遅くしようとします。つまり、通常の重力を考えている限り、宇宙膨張は減速します。これを「宇宙の減速膨張」といいます。

しかし、ダークエネルギーは通常の物質が持つエネルギーとは違います。ダークエネルギーに作用する重力は、通常とは反対の向きに働きます。すなわち、引力ではなく斥力《せきりょく》になってしまいます。このため、ダークエネルギーがあると宇宙の膨張は減速するどころか、逆に速くなっていきます。これを「宇宙の加速膨張」といいます。

１９８０年代の終わり頃から、宇宙の膨張が加速しているというきざしのあることが、遠方銀河や大規模構造の観測を解析する中で指摘されてきました。実は著者も１９９０年代の半ばに加速膨張を伴う宇宙モデルの理論研究を行ったことがあります。この頃はまだダークエネルギーという言葉は考案されておらず、この後で説明する「宇宙項」というものが加速膨張の有力な原因と考えられていました。しかし、加速膨張を直接的に観測で証明するまでには至っていませんでした。

そのうちに、遠方の宇宙で起きる超新星爆発を解析することで、宇宙膨張がどう時間変化するかを直接的に調べる手法が開発されてきました。この画期的な観測手法により、宇宙が実際に加速膨張していることが示されました。1998年のことです。異なる2つの遠方超新星観測チームが、それぞれ独立に観測と解析をした結果、どちらも同じように宇宙の加速膨張を示したのです。その結果がほぼ確実だとわかると、宇宙論の分野だけでなく物理学の広い分野の研究者たちを震撼《しんかん》させました。宇宙が加速膨張するという結果を自然に説明できる物理理論が存在しないからです。

この重要な観測を行った遠方超新星観測チームの中心人物たちである、ソウル・パールムッター、ブライアン・シュミット、アダム・リースの3人は、2011年のノーベル物理学賞を受賞しました。

４－４　世紀をまたぐ謎、ダークエネルギー

宇宙にはなにか奇妙なエネルギーの成分があるかもしれないと言われだしたのは、なにも宇宙の加速膨張が発見されてからではありません。理論的には、それよりもはるか昔からその問題が取り沙汰《ざた》されてきました。

なかでも古くから知られていた問題は、真空エネルギーの問題です。物質の存在しない真空の空間に一定の密度を持つエネルギーが蓄えられているとき、それは反重力の働きをして、自然に宇宙を加速膨張させようとします。このように真空に存在する一定密度のエネルギーは「真空エネルギー」と呼ばれます。真空エネルギーはダークエネルギーの一種です。

真空エネルギーの歴史は古く、もとをたどるとアインシュタインが初めに考えた宇宙モデルにまでさかのぼります。彼は当時の常識にしたがって、宇宙は膨張したり収縮したりしない静的なものだ、と仮定しました。しかし、一般相対性理論でも通常の重力を扱っている限り、宇宙をそのように静止させることは不可能でした。宇宙が最初に静的な状態から始まったとしても、そのまま放っておけば、自分自身の重力で自然に収縮していってしまいます。

それを食い止めるため、アインシュタインは自分で作った一般相対性理論の基本方程式にひとつの項を追加して、宇宙がそのまま静的な状態でも存在できるようにしました。これが有名なアインシュタインの「宇宙項」です。この宇宙項の導入は理論的には美しくなく、醜い項であるとよく言われます。アインシュタインにとっては、静的な宇宙を作り出すためだけに必要なものでした。

この宇宙項は宇宙を大きく広げようとする力になります。これが収縮を食い止め、その力のバランスをうまくとると宇宙を静的に保つことができたのでした。しかし、そのバランスは非常に不安定だという欠点も持っています。宇宙項は真空に一定のエネルギーを持たせる効果があるので、宇宙項の追加は真空エネルギーを導入するのと数学的には同じことです。

アインシュタインの期待に反して、宇宙が実際には膨張していることがわかると、アインシュタインは「我が生涯で最大の過ち」と後に語ったように、自ら醜い宇宙項を捨てました。しかし、理論的に存在可能な項が、理由もなく存在しないというのも逆に不自然です。膨張する宇宙の中に宇宙項があっても矛盾はありません。このため、宇宙の膨張が発見された後も、この宇宙に宇宙項があるのかないのかという問題は長いことくすぶり続けます。

宇宙項があったほうがよいのではないかということは、宇宙年齢の問題においてよく取り上げられました。観測によって求めた天体の年齢が、宇宙年齢の推定値よりも長くなる、という矛盾がたびたび見つけられたからです。宇宙が始まる前から天体があるなどということは考えられません。

宇宙年齢は、現在の宇宙の膨張率から逆算して求めます。宇宙項がない場合、宇宙膨張は遅くなり続けているので、昔の宇宙の膨張は現在よりもかなり速くなります。これに対して宇宙項があると、昔の宇宙の膨張はそれよりもゆっくりとしたものになります。このことから、宇宙項があるほうが宇宙の年齢が長くなります。

こうして宇宙項を導入することにより、年齢の矛盾を解決できます。ただし、宇宙項を勝手に導入するのは簡単でも、宇宙項がどこから来ているのかという起源については謎のままです。

宇宙項の問題がくすぶり続けてきたのには、もうひとつの重大な理由があります。それは素粒子論の進展と関わっています。

素粒子論は場の量子論を基礎にして発展したことを第2章で説明しました。場の量子論を文字通りに解釈すると、それは真空に一定のエネルギーが存在するべきことを予言します。真空状態に量子ゆらぎがあるため、そのエネルギーはゼロになりません。おお、これが宇宙項の起源であり、ダークエネルギーとして現在の宇宙の73パーセントを占めているのだ、と考えたくなります。しかしそれは、果てしのない落とし穴です。

この何が問題かというと、場の量子論の予言する真空エネルギーが、ありえないほど莫大な量になってしまうのです。それは、実際の宇宙に必要な量よりも1兆倍を10回繰り返して、さらに1000倍（10^{123}倍）したほど多い量です。これでは意味がわかりません。

実をいうと、場の量子論をそのまま使って真空のエネルギーを素朴に計算すれば、その値は無限大に発散してしまいます。しかし場の量子論といえども、あまりに小さい世界までそのまま成り立つとは考えられません。場の量子論は、時空間が平坦であるという前提のもとに組み立てられています。第2章で説明したように、あまりに小さい世界では時空間になんらかの量子ゆらぎ効果があるはずなので、その前提は崩れてしまいます。

そこで、時空間に量子ゆらぎが現れるスケールよりも大きなところだけを考えることにすると、場の量子論による真空エネルギーは有限の値になります。それより小さなところはよくわからないから真空エネルギーに寄与しないだろうとして切り捨てるのです。そうして強引に有限の値にしても、結果としてかなり大きな値になることは避けられません。

一方で、現在の宇宙は素粒子などの世界に比べてあまりにも大きな存在です。真空に少しでもエネルギーがあると、宇宙全体で足し合わせられることで莫大な量になります。素粒子のスケールで考えても大きい真空エネルギーであれば、もともと莫大なものをさらに宇宙全体で莫大に足し合わせることになり、結果的にありえないほど超莫大になってしまうのは当たり前です。

これはとても不都合なので、素粒子論においてはこれまで真空エネルギーの問題が無視されてきました。場の量子論の理論形式において、この真空エネルギーの問題を無視しても理論の予言能力は失われないので、それは致命的な欠陥にはなりませんでした。真空エネルギーの存在は認めるにしても、なんらかの対称的な未知の機構によって、プラスの真空エネルギーとマイナスの真空エネルギーがうまく打ち消し合ってゼロになっているだろうとの期待もありました。実際の宇宙で真空エネルギーが完全にゼロだというならば、そういう期待もできるでしょう。

しかし、場の理論から得られる真空エネルギーが宇宙を加速膨張させるダークエネルギーの正体だとすると、真空エネルギーがプラスとマイナスで完全には打ち消し合っていないことになります。莫大なプラスの真空エネルギーと、莫大なマイナスの真空エネルギーがほとんど打ち消し合いつつも、不自然に小さな真空エネルギーを後に残す必要があります。すなわち、プラスよりもマイナスのエネルギーの絶対値を少しだけ小さく微調整してやらねばなりません。そのためにはなんと、123桁もの精度での微調整が必要になります。

123桁での微調整というのは想像を絶する精度です。あえて例えてみれば、水素原子核である陽子を3つ、それぞれ宇宙の最果てともいえる100億光年ほどの距離だけお互いに離して適当に配置し、地球から狙いを定めて別の陽子をひとつだけ撃ち込み、撃ち込んだ陽子をビリヤードの玉のように跳ね返らせながら3つの陽子に順番に命中させるようなものです。こんな無茶な微調整が必要なようでは、とてもまともな説明とはいえません。

ダークエネルギーの正体を表すかもしれない理論モデルはいろいろと考えられていますが、この例からわかるように、今のところどれも似たような微調整の問題を抱えています。素粒子の真空エネルギーの微調整問題を忘れて、どんなに不自然でも勝手に都合のよい宇宙項を入れることは簡単です。しかし、そうやって導入した宇宙項には何の物理的根拠もなく、それではこの不自然なダークエネルギーの正体が謎に包まれたままです。

微調整の問題を本当の意味で解決することが、宇宙のエネルギーの大部分を占めるダークエネルギーの正体を暴くことに繋がります。このように前代未聞の微調整が必要に見えるということは、私たちは何か宇宙について本質的なことを見落としているはずです。それが何かわかるとき、この宇宙がなぜ存在しているのかという謎に対する大きなヒントが見つかるかもしれません。

4-5　宇宙の未来Ⅰ：永遠に宇宙膨張が続く場合

ダークエネルギーは宇宙のエネルギー全体の中で主要な成分ですから、宇宙が将来どうなるかという運命のカギを握っています。他のエネルギー成分は、宇宙が膨張すればそれだけ薄まっていってしまいますが、ダークエネルギーはほとんど薄まりません。現在よりさらに膨張の進んだ将来の宇宙では、宇宙にあるエネルギーのうち、ほぼ100パーセント近くをダークエネルギーが占めるようになります。そんな宇宙の運命とはどういうものなのか、ここで考えてみましょう。

ただし、どんな運命が待っていようと、宇宙の将来を今すぐ心配するには及びません。これから述べる話は、あまりにも遠い未来の話なので、そのときまで人類の子孫が生き延びている可能性は限りなく少ないでしょう。

ダークエネルギーの正体がわからないといっても、宇宙の将来を決めるのはそのエネルギーとしての性質だけです。ダークエネルギーがとり得ると考えられている性質はおおまかに3種類に分けることができ、それぞれ異なる将来の可能性を予言します。

一つ目の可能性は、ダークエネルギーが一定の真空エネルギー、もしくはそれに同等な場合です。このケースでは、体積あたりのダークエネルギーの量が変化しません。ダークエネルギーが宇宙の膨張を加速し続けるので、宇宙は際限なくいくらでも大きくなり続けます。そして、宇宙は永遠に存在し続けます。

現在の宇宙膨張もそうですが、宇宙が膨張したからといって銀河系や星などの天体の大きさは大きくなりません。これはよくある誤解のひとつなのですが、宇宙膨張はその中のものをすべて膨張させるわけではありません。もし宇宙の中にあるすべてのものが膨張するなら、膨張を測る測定機器も膨張してしまい、それでは膨張していることを知ることすらできなくなります。これでは結局膨張していないのと同じです。宇宙の膨張では、十分遠い銀河と銀河の間の距離は膨張しますが、銀河団や銀河よりも小さい天体の大きさは変化しません。これは銀河などが重力によってひとまとまりになった天体であり、宇宙膨張の力は銀河などの重力よりもずっと小さいからです。

宇宙が加速的に膨張し続けると、遠くの銀河までの距離はどこまでも大きくなり続けます。

そのうち宇宙の地平線を超えてしまい、それら銀河の存在さえわからなくなります。

一方、比較的近傍にある銀河は、合体して一つの超巨大銀河になると考えられています。アンドロメダ銀河は今から数十億年後に天の川銀河系と衝突、合体して巨大なひとつの銀河になると言われています。さらに数千億年後には、局所銀河群全体が合体してひとつの超巨大銀河になるでしょう。他の銀河は完全に視界の外に追いやられて、この超巨大銀河は宇宙で完全に孤立することになります。

ただしその前に、太陽系は百数十億年程度で燃え尽きてしまいます。そして他の恒星や、これからできる恒星も、次々と燃え尽きたり超新星爆発を起こしたりした後、輝きを失っていきます。はるか数十兆年後には、新しく星を作る材料が宇宙空間に枯渇し、そしてほとんど輝かない天体ばかりが残されるでしょう。それらは褐色矮星《わいせい》や白色矮星、中性子星、そしてブラックホールと呼ばれる天体などになります。超巨大銀河全体は輝きを失い、星の墓場のようになってしまうでしょう。

ところで、比較的大きな銀河の中心部には巨大ブラックホールがあると考えられています。ブラックホールは次の章で詳しく説明しますが、あまりに重力が強くなりすぎて、なにものもそこから抜け出せないという恐ろしい天体です。銀河が合体すると、この巨大ブラックホールも合体して、超巨大ブラックホールになっているでしょう。超巨大銀河系にある天体たちは、その周りを回ることで吸い込まれずにいます。

しかし、それらの天体が永遠に安定して回り続けることはできません。超巨大ブラックホールの重力から逃れて遠くへ飛び去っていく天体もあれば、中心部へ落ち込んで超巨大ブラックホールに飲み込まれてしまうものもあります。この超巨大ブラックホールは、長い時間をかけて付近に落ち込んできた天体を捕らえながら、さらに大きくなっていきます。そして1兆年を1億倍したほどの年数（約10^{20}年）が経《た》つと、このブラックホールの周りには天体がなくなってしまいます。

超巨大ブラックホールの魔の手を逃れることができた天体も、永遠ではありません。大統一理論が正しければ、原子核を構成している陽子や中性子は長い間にはいずれ崩壊して、光や電子やニュートリノなどの軽い素粒子に姿を変えてしまいます。すると、天体は原子核によって成り立っていますから、天体自体がなくなってしまいます。そうなるまでには、少なくとも1兆年を2回1兆倍して、さらに1万倍したよりも長い年数（約10^{40}年以上）かかります。

しかし、大統一理論は必ずしも正しいと確認された理論ではないので、陽子や中性子がずっと安定に存在し続ける可能性もあります。その場合、原子核もずっと存在し続けます。ただ、極めてまれな量子効果によって原子核の種類が変化することがあります。十分長い時間があれば、すべての原子核は最も安定な鉄原子核に変化することができます。ブラックホール以外の星はすべて鉄でできた星、鉄星になるでしょう。ただし、それに必要な時間は尋常ではありません。このような超未来を考えたプリンストン高等研究所のフリーマン・ダイソンの計算によれば、１兆年を１２４回１兆倍したほどの年数（10^{1500}年）かかります。

さらに、鉄星も永遠ではありません。やはり量子効果により、それ全体がブラックホールになってしまう確率も完全にゼロではないからです。同じくダイソンの計算によれば、宇宙にある鉄星がすべてブラックホールになってしまうのには、１の後ろにゼロを最低でも10兆の10兆倍個書き続けて表される年数（$10^{10000000000000}$年）、あるいはそれ以上かかるといいます。

一方、ブラックホールも永遠に存在はできません。ブラックホールはなんでも吸い込んでしまう存在ですが、それには例外があります。実は量子効果により極めてわずかずつ光や電子などを表面から放射しています。これは１９７４年にスティーブン・ホーキングによって理論的に予言された現象で、ブラックホールの「ホーキング放射」と呼ばれています。

宇宙の膨張が進んで宇宙マイクロ波背景放射が十分弱くなると、周りからブラックホールに流入するエネルギー源がなくなってしまいます。するとブラックホールはホーキング放射によってエネルギーを失う一方になり、その質量は減少していきます。そして長い時間の後にはブラックホールが蒸発して消滅してしまうと考えられています。

ホーキング放射の効果は、大きなブラックホールになるほど弱くなるため、蒸発するのに要する時間が長くなります。それでも、1兆年を7回1兆倍して、さらに1万倍した年数（約10^{100}年）ほど待てば、超巨大銀河の中心にあるブラックホールも含めて、宇宙に作られるサイズのブラックホールはすべて蒸発してしまいます。

ブラックホール蒸発後の宇宙には、光や電子、ニュートリノなどといった素粒子が、非常に希薄な状態で存在する宇宙になります。陽子や中性子が崩壊してしまえば、宇宙にはそれらの粒子しかありません。電子はマイナスの電荷を持っていますが、宇宙は全体として中性に保たれます。なぜなら陽子が崩壊するとき、電子と質量などがそっくりで電荷だけが逆の「陽電子」という、プラス電荷の素粒子が作られるからです。

電子と陽電子が出会うと、お互いがお互いの周りを回る「ポジトロニウム」というものにいったんなります。その半径はだんだん小さくなっていき、最後に電子と陽電子は対《つい》になって消滅し光になってしまいます。ブラックホール蒸発後のはるか未来の宇宙では、原理的に数兆光年もの半径を持つポジトロニウムが作られ、かなりゆっくりと回ります。しかし、それもいずれは対消滅《ついしょうめつ》して光になってしまいます。

こうして最終的に、私たちの知っている物質としては光子《こうし》とニュートリノ、そしてお互いの存在に気づかないほど遠く離された電子と陽電子だけが宇宙に存在することになります。それらの物質はあまりに希薄にしか存在しません。

これに加えて、ダークマターの成れの果ても存在します。しかしダークマターが何なのかわかっていないので、それが最後にどうなるかは何とも言えません。また、ブラックホールが蒸発するほどの長い時間の中では、私たちの知らない物理法則により、電子やニュートリノや光子も永遠に存在できないかもしれず、さらに安定な未知の素粒子に変換してしまうかもしれません。

いずれにしても宇宙の膨張が極限まで進めば、何の活動性もない希薄な宇宙がただただ膨張し続けるだけという、事実上の死を迎えます。

4-6　宇宙の未来Ⅱ：膨張から収縮に転ずる場合

右でみたように、ダークエネルギーが空間あたり一定の真空エネルギーであれば、現在とはかなり異なった形で宇宙は永遠に続きます。もしダークエネルギーがそのようなものでないのなら、宇宙にはいずれ終わりが訪れる可能性もあります。

宇宙の将来についての二つ目の可能性は、ダークエネルギーから宇宙を加速させる力が失われていく場合です。ダークエネルギーは一種の反重力を持っていると言いましたが、その性質が時間とともに変化して、通常の重力を持つエネルギーになってしまう可能性があります。

この場合には宇宙は加速するのを途中でやめ、昔から考えられていたような減速膨張する宇宙になります。減速膨張する宇宙の運命は2つあります。永遠に膨張が続くか、あるいは膨張が途中で止まりその後収縮に転ずるか、の2つです。

永遠に膨張が続く場合は、先に述べた場合とあまり変わらない運命になります。ただ、膨張はそれほど速くないので、銀河同士が完全に孤立することがないだけです。

収縮に転ずる宇宙の運命はこれとは全く異なります。いったん膨張が止まって収縮する宇宙になると、今度は銀河と銀河の間の距離が縮まっていきます。あちらこちらで銀河が衝突して合体します。このときの衝撃で星がたくさん生まれます。銀河の中心にあるブラックホールも合体するでしょう。

さらに収縮が進むと銀河は重なり合って、独立して存在できなくなります。宇宙全体がひとつの銀河のようになってしまうでしょう。さらにずっと収縮が進めば、宇宙マイクロ波背景放射の温度が高くなりすぎて、宇宙全体が非常に高温の状態になります。このため星は表面から蒸発していきます。そして宇宙全体の密度が大きくなって、ダークマターや通常物質およびブラックホールで満たされます。そしてビッグバン宇宙の運命を逆にたどります。際限なく密度が高くなって、宇宙の温度は高くなっていきます。元素は壊されて素粒子に分解します。

こうして収縮する宇宙は終わりを迎えます。この終わりの時点は「ビッグクランチ」と呼ばれます。爆発の逆なので「爆縮」です。極限まで密度が高くなると、その先は私たちの物理学ではよくわからない領域に突入していきます。空間がなくなるとともに時間もなくなって「その後」自体が消滅してしまうかもしれません。

一説には、爆縮の後で宇宙が跳ね返り、またビッグバンになるという考えもあります。これは昔からある「振動宇宙論」であり、宇宙は永遠に膨張したり収縮したりを繰り返しているという仮説です。ただし、そうしてできる次回のビッグバン宇宙は、私たちの宇宙のように生命が住みやすい宇宙にはならないだろうという研究もあります。しかし同じ振動宇宙論でも、エクピロティック宇宙論のように高次元宇宙モデルを考えると、私たちの宇宙自体もそのように始まっている可能性も否定できないという研究もあります。

4－7　宇宙の未来Ⅲ：破滅的な宇宙膨張が起こる場合

宇宙の将来について残る三つ目の可能性は、宇宙を加速する力が将来さらに大きくなっていき、最終的に宇宙の膨張速度が無限大になってしまうという破滅的な場合です。

宇宙の加速が行きすぎると、これまで考えてきた場合と異なり、銀河自体が膨張し始めます。銀河は、その中にある星やダークマターの重力によってひとまとまりになっていますが、その重力を上回る力をダークエネルギーが持ち始めることになります。

銀河の中にある星々はバラバラと宇宙空間にばらまかれてしまい、銀河は宇宙に存在しなくなります。そんな状態がしばらく続いた後、ダークエネルギーの支配力は星自体にも及び始めます。今度は星自体を膨張させ始めるのです。星を構成している物質は宇宙空間にばらまかれます。

この連鎖は止まりません。物質も膨張して原子に分解され、さらにこれ以上分解できないという素粒子にまでバラバラにされてしまいます。ブラックホールは分解されないかもしれませんが、ダークエネルギーが流入することで質量を失い、消えてしまうかもしれないという研究もあります。

最終的に宇宙膨張の加速が行きすぎると、宇宙の膨張速度が無限大になってしまいます。これは宇宙自体の破滅です。有限の空間が無限に大きくなると、もはや時空間が存在できなくなるからです。つまり、この宇宙自体が有限の時間内に終わってしまいます。

先ほどの場合は宇宙が潰れて有限の体積部分がゼロになることで終わりを迎えましたが、今回の場合は逆に宇宙が大きくなりすぎて、有限の体積部分が無限大になることで終わりを迎えます。その先には時間が続いていません。この先を考えることは、宇宙の始まりの前を考えるようなもので、時間がなければ「その先」もなくなります。

ここまで宇宙の究極の未来について3通りの可能性を見てきました。宇宙が永遠に続く可能性と、有限の時間に終わりがくる可能性がありますが、どちらにしても私たちに直接関係する未来の話ではありません。万一宇宙に終わりがくるとしても、それは1兆年以上先とか、そういう話です。無用の心配をすることはありません。どうしても心配になる人は、宇宙に終わりがくるはるか前に太陽系自体の寿命がきますので、そちらのほうを心配するべきです。とはいえ、それすらも何十億年も先の話で、人類がそこまで生き延びているとしたら、とんでもなく進化しているはずです。今の私たちとは全然違う構造の人たちでしょうから、私たちが今どんな心配をしても、それが無駄になることは間違いありません。

＊　＊　＊

〔第5章〕

宇宙に外側はあるか

5－1　ブラックホールの向こう側には何があるか

アインシュタインの一般相対性理論により、重力とは時空間のゆがみであることがわかりました。地球や太陽の周りなどでは、時空間のゆがみはほんのわずかです。このため私たちは、重力を感じるということ以外に時間や空間が実際にゆがんでいることを実感できません。でも、細かく測定すると、確かにゆがんでいることを確かめることもできます。

地球上でも、地面の上と高いビルの上では、時空間のゆがみのせいで、お互いに少しだけ異なる時間や空間になっています。このため、高いビルの上においた時計よりも、地上においた時計のほうがほんの少しだけゆっくり進みます。

例えば高さ634メートルの東京スカイツリーのてっぺんと地上での時間の進み方の違いは、一日にたった100億分の1秒程度というわずかなものです。しかし現代技術を使うと、そんな小さな違いでも測定することができます。実際に高いビルの屋上と地上の間の時間の違いを測定して、一般相対性理論の正しさが実証されています。

みなさんも使っている携帯や自動車のナビに付いているGPSは、人工衛星からの信号を受信して現在位置を特定する装置です。ＧＰＳ衛星も上空にあるので、地上とは時間の進む速さがわずかに違います。でも、ＧＰＳを正確に働かせるにはとても高い精度を求められるので、わずかな時間のずれでも無視できません。実際のＧＰＳではさまざまな要因による時間の補正を行っていますが、その中にこの一般相対性理論による時間のずれもちゃんと入っています。つまりＧＰＳを使っているみなさんは、気づかないうちに一般相対性理論を利用して生活しているわけです。

地球くらいの惑星の周りでは時空間のゆがみといってもわずかなものですが、もっと重い星になると話は違います。そして、極限まで時空間がゆがんでしまうと、「ブラックホール」になります。

ブラックホールの表面では、時空のゆがみがひどすぎるため、時間が遅れるどころの騒ぎではありません。外から見ていると、そこで時間が止まっているように見えます。

宇宙飛行士が宇宙船に乗ってブラックホールへ突っ込んでいくとします。これを遠くから見ていると、だんだん宇宙飛行士の動きが遅くなっていきます。そして、ブラックホールの表面近くまで進むと、もうほとんど動かなくなります。あとはいくら待ってもその先には進んでいきません。

ところが、これはあくまで外から観察している人にとっての動きです。相対性理論によると、時間は観測者の立場によって異なります。当の宇宙飛行士にとって、時間はいつも通りに過ぎ去っていきます。逆に、周りの世界の時間のほうが速く進んでいるように見えます。そしてブラックホールの表面に到達しても、そこには何もありません。ブラックホールの表面といっても、そこに地面があるわけではないのです。あくまでも、外にいる人にとってその内部を見ることのできない境界の面というだけです。

この宇宙飛行士はその表面を通り過ぎて、さらに内部に入っていきます。すると、この宇宙飛行士はブラックホールの外にいる人とは全く交信できなくなります。外から見るとブラックホールの表面で時間が止まっているので、そこからは光や電波が一切出てこられないからです。

このため、ブラックホールの内部で何が起きるかは、この宇宙飛行士だけが知ることになります。そんな孤独にも耐え、勇敢にもブラックホールの中心部へ向かって進んでいくこの宇宙飛行士の運命やいかに？

映画の予告編みたいになってしまいましたが、もしこのブラックホールが自転していないと、この宇宙飛行士に待っている運命は残念ながら「死」あるのみです。ブラックホールの中心部付近では重力の変化があまりに激しく、体の場所ごとにかかる重力の差が大きくなりすぎます。足元からブラックホールに突っ込むと、頭よりも足元のほうが強くブラックホールに吸い寄せられることで、縦方向に引き延ばされる力が働き、さらに横からは押しつぶされる力が働きます。その結果、体が麵のように細長くされてしまいます。これは強い重力場中での「スパゲッティ化現象」あるいは「麵効果」などとユーモラスに呼ばれています。

その力はあまりに強いので、体が素粒子のレベルにまでバラバラにされた後、最後にはブラックホールの中心部、「時空の特異点」と呼ばれる場所に到達します。ここは時空間の裂け目ともいうべき場所で、私たちが考える普通の時空間の描像は破綻《はたん》しています。もはや時間と空間の広がりがなくなり、通常の物理学で扱おうとしても計算不可能な場所になっています。この先がどうなっているかは予想もつきません。

でも、自転していないブラックホールというのは現実的ではありません。この地球も含め、どんな天体であろうと多かれ少なかれ自転しています。十分に大きなブラックホールが十分に速く自転しているとき、うまくいけばスパゲッティ化現象を免れる可能性があります。ブラックホールの内部へ勇敢に突入した宇宙飛行士が、なんとかスパゲッティ化せずに生き延びたとすると、その先はどうなるのでしょう。

自転するブラックホールの中心部にはリング状になった時空の特異点があります。このようなブラックホールは、1963年にロイ・カーが一般相対性理論の方程式を解いて見つけたもので、「カー・ブラックホール」と呼ばれています。この特異点は魔法のリングです。このリングを抜けると、そこは全く別の空間に繋がっているからです。

この「別の空間」というのが何なのかはよくわかっていません。私たちの宇宙のどこか遠くの場所なのかもしれませんし、もしかすると、私たちの住む宇宙とは別の宇宙に繋がっているのかもしれません。とにかく時空がねじれていて、図25のように他の場所へ出るトンネルが繋がっています。

このような時空のトンネルのことを「ワームホール」(「虫食い穴」のこと)といいます。このワームホールを抜け出たところは、ブラックホールの出口と考えられます。物質を吸い込むブラックホールに対して、物質を放出するその天体はホワイトホールと呼ばれますが、あくまで理論的な可能性であって、実際にそのようなものが発見されたことはありません。

ブラックホールへ突入した宇宙飛行士がこのワームホールを通過できる見込みは、あまり高くないかもしれません。というのは、このワームホールは不安定な性質を持っているからです。物体が通過するときにワームホール自体が壊れてしまい、この宇宙飛行士は時空の狭《はざ》

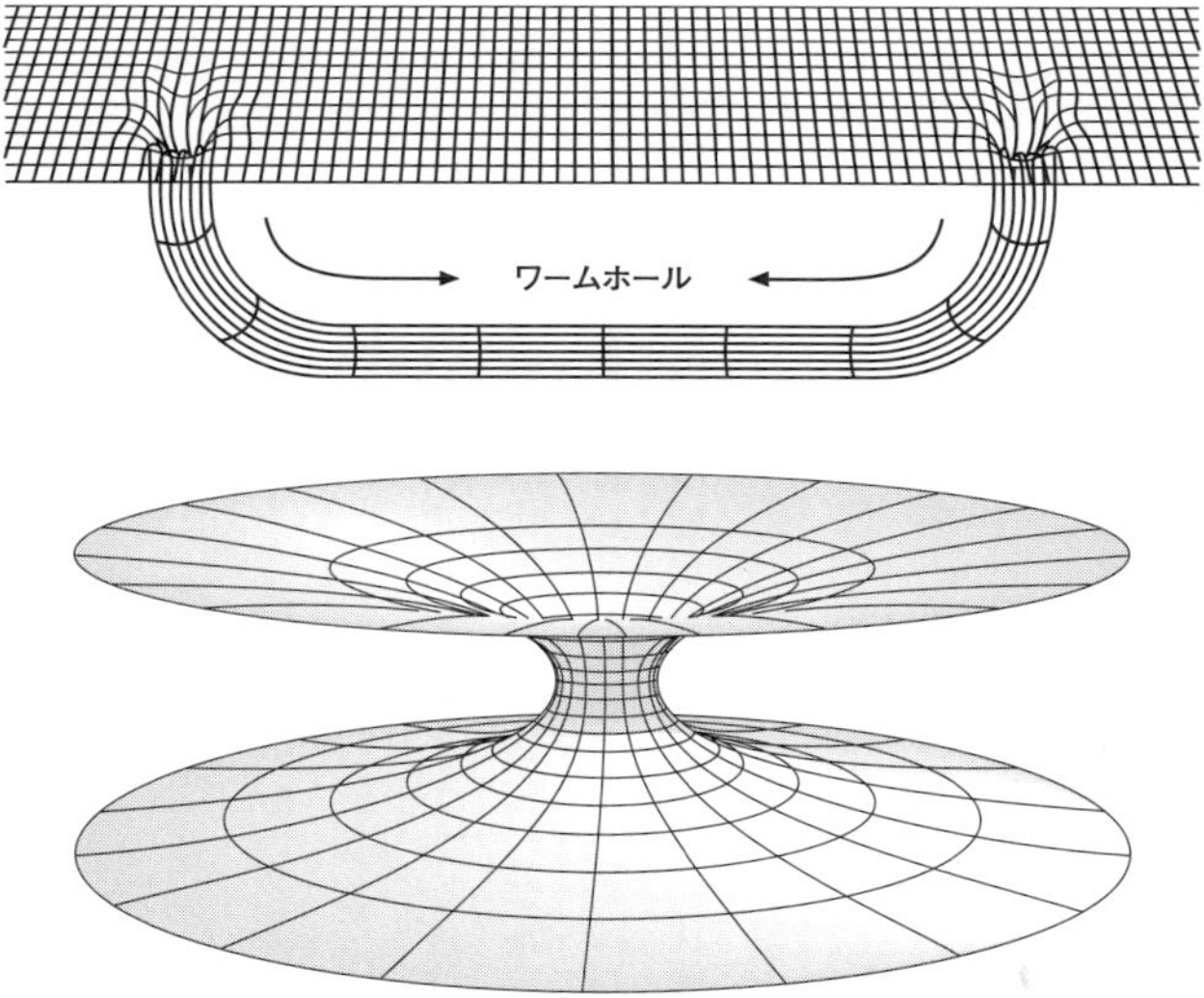

図25　ワームホール。ひとつの宇宙の中で繋がっている場合と、別の宇宙に繋がっている場合。イメージしやすいように、2次元の宇宙を描いている。

間《ま》に押しつぶされてしまう公算が高いでしょう。こうなると何がどうなってしまうのか、理論的にもあまりはっきりしていません。

宇宙飛行士がこのワームホールを通過できるかどうかは別にしても、ワームホールがあるならば、その先には別の宇宙が繋がっている可能性があります。すでに第2章で見てきたように、私たちの住んでいる宇宙の他にも別の宇宙が無数にあるかもしれないことは、宇宙の始まりを考えると不自然なことではありません。それがブラックホールを通じてなんらかの繋がりを持っているかもしれません。

5－2　ワームホールはタイムマシンになる

ワームホールのくびれた部分に負のエネルギーを持つ物質を詰め込んでおくと、それが安定化する、ということを1988年にマイケル・モーリスとキップ・ソーンが示しました。そんな妙な物質がもし存在するならば、それはワームホールの通路を大きく広げたままにして、宇宙飛行士を通過可能な状態に保ってくれます。

このワームホールの出入口は、もはやブラックホールやホワイトホールではなくてもかまいません。ブラックホールやホワイトホールは完全に一方通行でやっかいなしろものですが、このワームホールの端は自由に出入りができます。

でも、通常の物質のエネルギーは必ず正です。そんな負のエネルギーを持つ物質などを私たちは知りません。とはいえワームホールの中では時空がねじれているので、通常の物理学では考えられないような状況になっています。そんなところでは、物質のエネルギーが負になる状況がないとも言い切れません。

一説には、ダークエネルギーをうまく使うと、安定したワームホールを作れるのではないかと言う人もいます。ダークエネルギー自体の正体が何なのかわからないので、それが本当かどうかは何とも言えませんが、少なくとも可能性としてはすぐに否定される話でもありません。ダークエネルギーの正体が解明され、しかもそれを自由自在に操ることができるような技術を手に入れたとすると、ワームホールを自由にコントロールすることすら可能になるかもしれない、などと夢想するだけでも楽しくなります。

もし通過可能なワームホールが実際に存在するならば、私たちの移動手段が格段に進歩することになり、その先には無限の可能性が開けてきます。ワームホールの出口は入口から遠く離れた場所にあってかまいません。何万光年、何億光年、あるいは通常の手段では観測できない、宇宙の地平線の外に繋がっているかもしれません。そしてワームホール自体の長さは、入口から出口までの3次元空間における実際の距離よりも十分短くすることが可能です。

例えば図26（180ページ）のように考えてみてください。

この図ではワームホール以外の空間が曲がっているように見えますが、その中にいる人にとっては平坦な空間です。ワームホールが遠くの場所へのショートカットになっています。

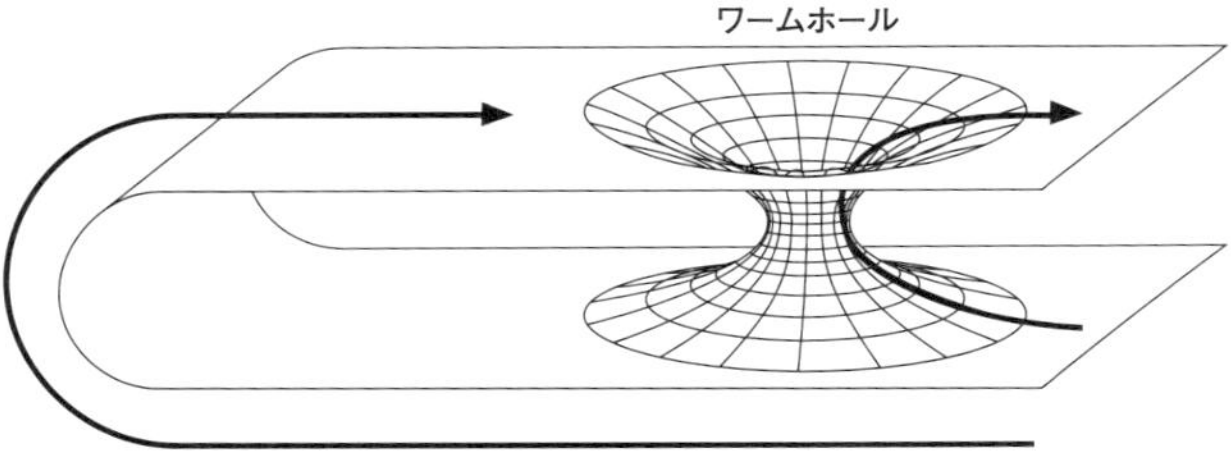

図26　空間をショートカットするワームホール。

つまり宇宙空間をワープできることになります。

ワームホールの中では時間の進み方が外とは全く違います。例えば、ワームホールを通過するのに1年かかったとしても、外へ出てきたときには何万年も経っていたということがあり得ます。それどころか、時間を戻って過去の宇宙へ出てくることすら不可能ではありません。つまりワームホールは、タイムマシンとして機能する可能性を秘めているということになります。

もし、ワームホールを自由自在にコントロールする技術があれば、この宇宙のどの場所、どの時間にも自由に行き来できる、夢のようなマシンを作れる可能性があります。現実的には果てしなく難しいでしょうが、少なくとも理論的に見てそれを作ることが禁止されているわけではありません。

５−３　タイムパラドックス

本当に過去へ戻るタイムマシンを作ることができるとすると、すぐに生まれる疑問は、それで過去を変えてしまったらどうなるのか、ということです。このテーマはよくＳＦでも問題にされてきました。

例えば、あなたが過去へ戻って、あなたの先祖に子供が生まれる前、その先祖を殺してしまったらどうなるかという問題です。するとあなたはこの世に生まれてこないことになり、過去に戻って先祖を殺すあなたもいなくなる、するとあなたは生まれてくる、と堂々巡りの矛盾（パラドックス）になってしまいます。これを「タイムパラドックス」といいます。

タイムパラドックスを解決する手っ取り早い方法は、だから過去に戻ることはできないのだ、と考えることです。それはそれで矛盾は回避できますが、過去に戻れるワームホールが物理的に建設不可能だという証明にはなっていません。人間が理解に苦しむことは自然界に起こってはならない、と言っているのと同じで、何か真実から逃げている気がします。

タイムパラドックスを起こさずにタイムマシンが存在できるためには、過去に戻って何をしようと、現在が変わることはないはずです。果たしてそのようなことがあり得るでしょうか。

ひとつの可能性としては、例えば先祖を殺そうといくら画策しても、必ず失敗するようになっているという考え方があります。それどころか、あなたが過去で起こした行動が、あなたの意志に反してあなたに繋がる子孫を先祖に作らせる原因になっているかもしれません。こう考えると、世界の時間の流れに矛盾はなく、過去に戻った人がどのような行動を取ろうとも、巡り巡って結果的に現在の世界になります。そこには矛盾はありません。

この考え方の根底には、未来はあらかじめ決まったものだという考えがあります。人間は自由に意志を持って行動を選択しているように見えますが、どのように選択するか実はあらかじめ決まっていて、未来を変えるようなことはできない、という考え方です。

量子論を除いた古典的な物理学の法則はすべて、未来があらかじめひとつに決まっていることを示しています。ニュートンの力学では、ある瞬間に宇宙にあるすべての粒子の位置と速度を与えると、その後の状態は完全に決まってしまいます。

これと同じようなことは電磁気の法則でも成り立ち、相対性理論を考慮してもやはり成り立ちます。世界のすべての存在は物理法則に従って動いているので、そこに自由な意志が介在して世界の運命を変えることはできません。

これは何もタイムマシンで過去に戻らなくても、現在の私たちにも当てはまります。古典的な物理学が世界を支配しているならば、私たちが自由な意志だと思っているのは実は幻想で、未来はあらかじめ決まっていることになります。自由に選択したように見えて、その選択をすることははじめから決まっていたということです。

これが本当だとすると、もし未来を変えることができないのなら、今いくら努力しても仕方がない、と考える人がいるかもしれません。しかし、仮に未来があらかじめ決まっているとしても、今、努力して将来の成功を勝ち取るか、いま努力せずに将来の不幸を招くか、どちらなのかを今のあなたが知ることはできません。そうであれば努力したほうがよいでしょう。

さて、このように未来がひとつに決まっているならば、タイムパラドックスを消すことができました。しかし未来がひとつに決まっているということは、私たちが物理法則に従って動くだけの機械のような存在だということになります。ところがこれは、私たちがここに自分というものを持って、日々あらゆる選択をしながら生きているという感覚とひどくずれています。私たちが意識を持って自由に行動を選択できるというこの感覚は幻想でしかない、というのでしょうか。

このような人間機械論は、自我、すなわち世の中に一人しかいないこの唯一の自分、という存在を消し去ってしまいます。今、ここにこうやって宇宙について想いを巡らせているあなたがいますが、それも分子レベルで見るとあらかじめ決められた機械的な動きにすぎないのだ、と言われて納得できるでしょうか。何かがおかしいと思いませんか。

5-4　タイムマシンと平行世界

そこで次に、本当の意味での自由意志が存在し、人間の選択する行動はあらかじめ決まっていないという可能性を考えましょう。この場合にもタイムパラドックスを回避することはできます。それはSFでもよく使われている平行世界の可能性を考えることです。

この場合には、誰かが過去へ戻って現在に何らかの影響を及ぼす行動をとると、その時点で宇宙が2つに分岐してしまいます。先ほどの先祖を殺した人の例では、先祖を殺した宇宙と殺さない宇宙の2つに分岐するのです。この人は、先祖が殺されなかった宇宙の子孫であり、先祖を殺してしまった宇宙には存在していないというわけです。これでタイムパラドックスはなくなります。

ここでは人を殺すという極端なことを考えましたが、そこまでしなくても過去へ戻って何らかの行動を起こした段階ですでに現在を変えてしまうとも考えられます。例えば、隣を歩いている人に声をかけただけで、その人のその後の行動は、本来の行動よりも遅れます。この人がその後、道で偶然友人に会うことになっていたら、それが起こらなくなります。すると、その友人のその後の行動も変化します。

この連鎖はいくらでも積み重なっていきます。もし何か大きな決断をする権力者にちょっとでも影響すると、社会を変えてしまうほどの変化にもなり得ます。戦国時代に戻ってちょっとでも何か行動を起こすと、それが巡り巡って明智光秀が謀反の決断をしないかもしれませんし、あるいは、ちょっとしたことで謀反に失敗するかもしれません。するとその後の日本の歴史は完全に塗り替えられ、それが巡り巡って、最初にタイムマシンで過去に来るということができなくなることも十分あり得ます。

これを避けるには、この人が自由意志で何か選択して行動を起こすたびに、平行世界への分岐が起きていると考える必要があります。さらに、タイムマシンで過去へ戻った人にだけ平行世界を分岐させる能力があるというのは不自然です。人間が自由意志で何か選択をするときにはいつも、その選択をした世界としなかった世界に分岐すると考えるほうがより自然でしょう。

私たちは、「あのとき、こうしていれば……」と考えることがよくありますが、この平行世界のどれかには実際にそのような行動をとった世界も存在します。無数にある平行世界の中に、この世界であり得る可能性はすべて実現していることになります。

私たちは無数にある平行世界のひとつに住んでいて、他の平行世界の存在は私たちに検知できません。そしてそれらの平行世界には私たちと同じような世界が無数にあります。

比較的最近分岐した平行世界は、一見したところほとんどこの世界と変わりません。それらの違いは極めてわずかです。つまり、あなたとほとんど同じ人が無数にいることになります。気持ちの悪い話です。

でも、私たちは他の平行世界の存在を検知できません。このため、あなたがなにか決断をするたびにどれかひとつの平行世界へ分岐して、あなたはその他の平行世界とは関係を持たなくなります。結果的にあなたは無数に存在しますが、ひとつひとつの平行世界の中ではあなたはひとりずつしかいません。

遠い過去に分岐した平行世界は、この世界とだいぶ様相が変わっているものもあります。

歴史に「もし」はないとよく言われますが、平行世界には「もし」がすべて備わっています。先ほどの例でいえば、明智光秀が謀反の決断をしなかった世界もあります。この世界では、織田信長が日本を統一した後、日本は鎖国をせずに世界に開かれた国となり、新しい技術を積極的に取り入れつつアメリカ大陸にも進出、現在まではアメリカ合衆国に替わる超大国になって、世界の近代史は日本を中心に回っているかもしれません。あるいは織田家の子孫が世界を統治する皇帝として君臨しているかもしれません。そんな世界も無数にある平行世界のどこかには必ずあるでしょう。

このようにありとあらゆる可能性がすべて実現しているので、その平行世界の数たるや想像を絶するほど莫大なものになります。こんな、なんでもありの世界を認めるとタイムパラドックスは生じません。しかし、それにしてはあまりにも奇怪な宇宙の姿になってしまいます。

このように世界が分岐を繰り返して無数の平行世界を実現させるようなメカニズムが、物理的にあり得るのでしょうか。もちろんはっきりしたことはわかりませんが、量子論を考えると、そんなことも実はあり得ない話ではないのです。その可能性について述べる前に、量子論に内在する根本的な未解決問題を説明します。

5—5　量子論の解釈問題：観測の瞬間に何が起きているか

先に述べたように、古典物理学では未来がひと通りに決まっているので、平行世界への分岐など起こりようがありません。これに対して量子論は、未来は確率的にしか決めることができない、それが自然の本質なのだ、ということを明らかにしました。現在の宇宙の状態を完全に調べ尽くしたとしても、原理的に宇宙の未来はひと通りには決まらず、確率的にしか決まりません。

未来があらかじめ決まっていないのなら、そこに人間の自由意志が介入して未来を左右する隙《すき》があります。そうだとすると、人間の自由意志、あるいは人間の意識というものは量子論によって生じるのではないかという考えが浮上してきます。しかし、人間の意識がなぜ生じているのかという問題は、現代の科学の中でも格別に難しい問題です。古典物理学の枠内ではまず理解できそうにありませんが、だからといってそれが量子論とどのような関わりを持っているのか、現時点では確実なことは何もわかっていません。

実は、量子論がその根っこのところで人間の意識と関係しているらしいということは、だいぶ古くから指摘されてきた問題です。それは量子論に現れてくる確率というものの意味をめぐる問題で、「量子論の解釈問題」と呼ばれています。

確率というのは、何度も試行してみたときに得られる結果の頻度です。量子論では、測定前にはいくつもの可能性が共存した状態でそれらの確率だけが与えられ、測定後にその可能性のひとつだけが結果となって確定し、現実化します。測定して結果が確定するときに何が起きているのか、そのメカニズムの説明は量子論の中にはありません。とにかくある手続きに従って計算する限り、量子論は確率的な意味で正確に測定結果を再現します。このため量子論自体は信頼できる理論なのですが、その手続きがなぜ正しい結果を与えるのかという根本的な理由がよくわからないのです。

まず、結果が確定するのがどの段階なのかが不明瞭です。普通に考えると、測定装置がある値を指し示したときだということになりますが、測定装置といっても多くの部品から構成されています。どの部品がどうなったときに測定結果が確定するのか曖昧です。

簡単な例として、電子が位置Ａと位置Ｂのどちらかだけに存在するとして、それがどちらなのかを測ることを考えてみましょう。量子論によると、測定前にはこの電子の位置はどちらにも確定していなく、Ａに存在する確率とＢに存在する確率がどちらもゼロではありません。量子論はその確率を正確に計算してくれます。

ここで測定を行うと、その電子の位置がどちらかに確定します。ここではAに測定されたとしましょう。量子論ではこの瞬間に、Bにある確率がゼロになります。

いま、「この瞬間」と言いましたが、測定するということは瞬間的な出来事ではないので、それがいつなのかが曖昧です。

この電子の位置を測定するのに、光を使ってみたとします。電子から光が反射してきたら、その光は光検出装置に入ります。すると光検出装置にわずかな電流が流れます。その電流を大きく増幅する回路に通してから、ディスプレイに文字を表示するなどして、測定が完了するものとします。実際にはもっと複雑なものですが、簡略化のためこのような実験を考えましょう。

ここで、測定結果が確定するのがどの段階なのかがはっきりしません。光が電子から反射した時点ではまだ確定していません。光も量子論の原理に従いますから、光が反射する確率としない確率が共存します。そして、光検出装置も量子論の原理に従って作動しますので、そこに電流が流れる確率と流れない確率が共存します。その電流を増幅させる装置にはトランジスタが使われていますが、これも量子論の原理によって作動しています。そこに確率的な要素が消える理由はありません。

この連鎖はディスプレイに表示されるまで続いてしまい、どの段階で2つの確率がひとつに確定するのか決められません。通常の量子論では、ディスプレイの表示のように人間に見える大きな変化になる前のどこかでなぜか、確率的性格が消え去るものと仮定されています。

でも、それがどこなのかがわかりません。ディスプレイに表示された文字の段階でもまだ確率的であって、それが目に入るまで確定していないと考えることさえできます。さらに人間の目もまた、測定装置の一種です。目に入った光は電気信号となり神経を伝わって脳に到達します。脳はその信号をもとに複雑な情報処理をして、最終的に電子がAにあった、と判断します。

この一連の流れのどこで測定結果が確定したとしても、それは量子論の枠組みの中で理由を説明することができません。それで、とにかく理由は問わずにどこかで確定するものとして計算されます。そうすれば、少なくとも応用上の問題は起きないからです。

測定結果の確定がどういうメカニズムで起きるのか、という問題が量子論の解釈問題です。量子論の歴史は長く、この問題についてはさまざまな議論や考察がなされてきました。それにもかかわらず、いまだに大きな未解決問題として残されています。

5－6　いまだに解けていない解釈問題

量子論の解釈問題に答えようとする解釈にはさまざまなものがあり得ますが、それらはいくつかの型に分類できます。

①量子論が確率的なのは見かけ上のことで、実際には私たちの知らない何らかの確定した物理状態が背後にあるという考え方
②測定装置のように大きなものには量子論の原理が働かず、測定結果を表示する前に測定値が確定しているという考え方
③人間の意識が測定結果を判断した瞬間に、測定値が確定するという考え方
④測定結果が確定することはなく、人間の意識がひとつの測定結果をもたらす世界しか認識できないという考え方

まず①の解釈は「隠れた変数理論」と呼ばれます。この解釈をとると、理解しがたい量子

論の確率性を考えなくともよくなります。確率的な量子論に強く反対していたアインシュタインはこの立場だったといいます。しかし、アインシュタイン自身が導いた相対性理論の原理、つまり情報は光速を超えて伝わらないということと、隠れた変数理論とを両立させようとすると、必ず実験と矛盾することが証明されています。このため、隠れた変数理論には情報が瞬時に空間を伝わるような仕掛けが必要となり、結果的にかなり謎めいた理論になってしまいます。

そのような理論の代表例は、１９５２年にデビッド・ボームが提唱したボーム力学です。私たちには観測できない「ガイド波」と呼ばれる波が、観測できる粒子の動きを制御しているのではないかという、以前からある考えに基づいたものです。ボーム力学では、光速を超える情報の伝達が仮定されていること以外にも、通常の量子論と同じ結果を出すためにかなり恣意的に作られているという欠点もあります。これが自然界の真理を表していると考える人はほとんどいません。

次に②の解釈ですが、量子論の計算を行うときにはほとんどの人が暗にこのように考えて計算しているはずです。しかし、測定装置自体を構成しているのは原子などの素粒子であり、それらは量子論の原理に従っていることは明らかです。小さなものが量子論で記述され、大きなものが古典物理学で記述されるのは事実としても、その中間に明確な境界があるはずがありません。この考え方が一貫したものでないことは誰もが気づいています。

観測装置は非常に多くの粒子から構成されるため、その振る舞い自体に量子論的な奇妙さはありません。これは「デコヒーレンス」(量子的干渉性の消失)と呼ばれる現象で、ある程度は理解されています。デコヒーレンスにより、異なる測定値が混ざり合って量子論独特の奇妙な振る舞いをすることはなくなると考えられていますが、それでも相変わらず異なる測定値は確率的であって、どれかひとつに確定することはありません。デコヒーレンスが証明されたとしても、観測問題の解決にはなりません。

次に③の解釈ですが、これは1932年にジョン・フォン・ノイマンにより考えられ、1960年代にユージン・ウィグナーによって拡張されました。観測装置自体も基本的なレベルでは量子論の原理に従い、人間の感覚器官もそうである以上、最終的に情報が脳に入って人間の意識が測定結果を判断するまで、測定結果は確定しないはずだという考えです。

この解釈には人間の意識という抽象的なものが持ち出されるため、自己完結していません。そしてさらに謎が深まります。その謎とは、「ウィグナーの友人のパラドックス」として知られる思考実験です。先ほどの電子の位置測定を例にとりましょう。電子の位置を示す測定結果をディスプレイ上で確認した人が、部屋の外で待っている人に結果を伝えたとします。このとき部屋の外にいる人にとって、いつ結果が確定したのでしょうか。中にいる人が結果を確認したときなのでしょうか、それともその結果を中にいる人から聞いたときなのでしょうか。

部屋の外にいる人にとっては、中にいる人は測定装置の一部とも考えられます。すると外にいる人にとっては、中の人から結果を聞くまで結果が確定していないことになります。しかし、中にいる人にとってはその前に結果が確定しているという矛盾が起こります。

自分だけが結果を確定させられる特別な存在である、という唯我論を持ち出すのでなければ、どの人間の意識も平等なはずです。すると、最初の意識が結果を認識した瞬間に結果が確定すると考えざるを得ません。この場合には中にいる人です。

しかし、意識を持つのは人間だけでしょうか。犬を訓練して結果を外にいる人に伝えるようにもできますが、このときはいつ結果が確定するのでしょう。それがさらに単純な生命でもよいのでしょうか。結果を確定させる意識というものがはっきり定義されていないため、このような疑問には答えられません。

量子論の父ともいえるニールス・ボーアは、②あるいは③に似た立場をとりながらも、測定値が確定する過程について問うこと自体が無意味であると考えていました。観測したことと、そこから結果が得られたことだけが起こったことであり、その背後に何かが実在していると考えてはならない、という哲学的な立場です。この考え方は解釈問題自体を消去してしまうことになるので、厳密には先に挙げたどの立場でもありません。

このボーアの考え方に沿った解釈は「コペンハーゲン解釈」といわれています。量子論の背後にある実在などを考えてはならず、単に規則に従って計算して正しい答えが出ればそれで十分であるという実践的な立場です。

コペンハーゲン解釈は実用上、最も便利な解釈であるため、教科書的な解釈として通用しています。しかし、量子論の適用範囲を宇宙全体にまで広げようとすると、この解釈は全く役に立たなくなります。コペンハーゲン解釈では観測装置が観測される対象と明確に分離されている必要があるからです。

観測者は宇宙の中にいます。宇宙全体を観測する場合、観測される対象が観測者を含んでいるということです。この状況を教科書的なコペンハーゲン解釈では扱うことができません。これを克服しようと、1957年にヒュー・エヴェレット3世により編み出されたのが④の解釈です。この解釈こそが、平行世界を示唆するものだったのです。次にそれを少し詳しく説明しましょう。

5－7　量子論の多世界解釈と平行世界

エヴェレットの解釈がその他の解釈と全く違うところは、量子論の枠組みに測定値の確定という外的な要因を導入しないことです。その他の解釈では測定値が確定するとき、量子論の枠組みの中だけでは説明のつかない飛躍を宇宙に起こす必要があります。つまり、人間が測定値を得るとき、劇的に物理世界の状態が変化して測定値が確定すると考えています。

ところがエヴェレットの解釈では、宇宙は量子論の枠組みの中だけで説明され、測定値がひとつに決まるのは観測する人間の側の問題だと考えます。

つまり、量子論に出てくるすべての可能性はこの物理世界に実現していると考えます。しかし、その中のひとつの可能性だけしか人間には認識できていない、それ以外の可能性はその後の認識の外へ逃げてしまって関係がなくなる、ということです。

例えば、先ほどの電子の位置の観測をするとき、位置Aに電子を見いだす可能性と位置Bに電子を見いだす可能性がありました。エヴェレット解釈では、このとき位置Aに見いだす観測者も、位置Bに見いだす観測者も両方存在します。しかし、これらの観測者はお互いの存在に気づくことができません。

ここで、測定を行う前には、どちらの観測者も同じ人でした。測定値を得た瞬間に、異なる世界へ分岐してしまいます。どの世界へ分岐するかを自分で決めることはできません。どちらの観測者も、どういうわけかひとつの測定値になったと思っています。そしてその後はその測定値を得たことに矛盾しない世界しか認識できなくなります。

なぜ、ひとつの測定値しか認識できなくなるのかはこの解釈においても不明です。それは人間の意識のメカニズムがそうさせていると仮定するしかありません。どの解釈でも測定値が決定するメカニズムには仮定が入りますが、このエヴェレット解釈では測定値を確定させる仮定をしないかわりに、人間の認識メカニズムに仮定が入っています。

この解釈では、観測者に認識できなくなってしまった世界が無数に存在していることになります。それは膨大な数の平行世界となって存在し続けます。あなたはすべてのありうる世界に無数に分裂していくことになります。エヴェレット解釈の支持者であるブライス・ドウイットは、この解釈を「多世界解釈」と呼びました。

この宇宙の実体は本質的に多世界であり、そのうちのひとつの世界だけを人間の意識が切り取って認識していることになります。その意味で、宇宙が多数あるというよりは、何か本来の複雑怪奇な宇宙の姿があるとして、その限られた部分だけしか私たちに見えていないのだ、というほうがよいかもしれません。

私たちの認識している通常の意味での宇宙においては、未来がひと通りに決まっていません。多世界のうちどれに分岐するかは私たちには決められないからです。量子論に現れる確率は、私たちがどの世界に分岐するかという確率になります。でも、この多世界全体の未来はひと通りに決まっています。そこには確率的な要素はありません。すでに分岐してしまった観測者が振り返ると、見かけ上そこに確率的要素が現れるだけです。

世界は分岐するだけではありません。ある観測者がほんの少しだけ異なった2つの世界にいたとして、時間が経つとともにその2つの世界の区別がつかなくなると、この観測者にとっての世界はひとつに統合します。あるひとつの結果をもたらす現象に複数の歴史が関与するということは、通常の量子論で示されている特徴でもあります。

多世界解釈はその明らかな奇怪さにより、当初あまり受け入れる人は多くありませんでした。しかし、宇宙自体の量子論を考えようとすると、それ以外の解釈が意味をなさなくなります。このため、その分野の研究者を中心に、受け入れる人も徐々に増えてきました。

もし多世界解釈が正しいとすると、気が遠くなるほど膨大な多世界が実際に存在することになります。それらの世界の中には、この世の中で起こりうるすべての可能性が現実となって含まれています。あなたに似た人は無数に存在して、あなたと少しだけ違う生活を送っています。そんな世界を想像すると、頭がくらくらしてきます。

このように、エヴェレット解釈を採用すると量子論の不思議な振る舞いがすべて説明できるかわりに、気が遠くなるほどの多重宇宙を考えなければならなくなります。そんな奇怪な宇宙の姿に不快感を隠せず、受け入れられないという反対者も多くいます。逆に多世界解釈こそが宇宙の真実であると、熱狂的に宣伝する人たちもいます。

こういう人たちが論争すると、不毛な議論に終始することがあります。結局どちらが正しいかの決め手となる実験や観測がないため、白黒はっきりさせられません。ここが解釈問題の難しいところで、現在に至るまで解決していないゆえんです。個々の解釈が異なる予言をするような観測量を見つけることができれば、科学的な議論も可能になるのですが、今のところそのようなものはほとんどありません。

さて、この宇宙は本当に多世界でできているのでしょうか。

５－８　この宇宙は生命活動にちょうどよい

エヴェレット解釈は、その正しさを確かめることはできないという欠点はあるものの、多世界を考えることで量子論の不可解な性質をすっきりと説明できるという利点がありました。多くの宇宙を考えることですっきりと理解できそうなことがもうひとつあります。それは、この宇宙がなぜか生命活動をするのにあまりに都合よくできている、という不可解な事実です。

生命を生むことが宇宙を存在させる条件でない限り、この宇宙はあまりに奇妙で不自然なものです。もし生命の誕生しない多くの「失敗した」宇宙がたくさんあるのなら、たまたま生命が誕生する宇宙がひとつくらいあってもおかしくないでしょう。そして、私たちはそういう宇宙にしか生きることができません。この宇宙が不自然なくらい生命にとって都合のよいものであっても、驚くには当たらなくなります。

この地球上に生命が活動できることは、ふだんからそれを当たり前のように見ている私たちにとって日常的な風景です。しかしそれはとても微妙なバランスの上に成り立っています。

詳しく調べていくと、そのバランスはほとんど奇跡的といってもよいものであることがわかってきました。

生命の体の動きはすべて物理法則に従っています。生命は小さな細胞からできています。さらに細かく分解してみると、その細胞の動きのすべては物理の法則に従う分子の運動で説明できます。そこには何も神秘的な力が働いているわけではありません。

これら分子の間に働く力は、プラスの電荷とマイナスの電荷の間に働くありふれた電気の力です。分子は十分小さいので量子論の原理が働きますが、それ以外に何のトリックもありません。

膨大な数の分子が集まって生命体ができています。それらの分子はひとつひとつが単純な物理法則に従って動いているだけです。でも膨大な数が集まると、信じられないほどの複雑な動きをします。細胞の中のひとつひとつの要素だけを見ても、それ自身がなにか目的を持って動いているような振る舞いをします。そんな振る舞いができるのも、もとを正せば、物理法則が今あるようになっているからです。

ここで、もし物理法則がこの宇宙のものと少しだけ違っていたとします。それでもこの宇宙に生命は誕生していたでしょうか。

少しぐらい物理法則が違っていても、その宇宙にはそれなりにその法則を利用して生命が誕生すると思うかもしれません。しかし、詳しく調べれば調べるほど、そうではないことがわかります。どうもこの宇宙の物理法則やその他の条件などが、生命を生むためにあり得ないほど微調整されているようなのです。これを「宇宙の微調整問題」といいます。

物理の法則には、理論的には決まらず実験でしか決めることのできない定数がいくつもあります。これを物理法則の「パラメータ」といいます。例えば電子の電荷の大きさは単位電荷というパラメータです。電子やクォークの質量、原子核の中に働く強い力や弱い力の大きさなども、そのようなパラメータです。素粒子の標準モデルにはそのようなパラメータが22個ほどあります。

また、宇宙の曲率や膨張率、物質の量など、宇宙が始まったときから決まっている定数もあります。これらは「宇宙論パラメータ」といいます。仮定するモデルにもよりますが、宇宙論パラメータは全部で10個ほどあります。

素粒子論と宇宙論を合わせると、このような任意パラメータが30個あまりあります。これらのパラメータの値がすこしでも違っていたら、現在の宇宙の姿は全く違ったものになります。これらすべてのパラメータが生命の誕生に関わっているというわけではないかもしれませんが、少なくともいくつかのパラメータの値は決定的に関わっています。

適当につまみを回してこれらのパラメータを自由に変化させ、宇宙を作ることができる神様がいたとすると、まさに「神業《かみわざ》」の精度で微調整しておかないと、その宇宙には生命が誕生しません。本当にそんな神様がいるのだと考えれば、それは「宗教」ですね。それはそれで、もう何も追究する必要がなくなり、心が安らぐでしょう。しかし、物理的に不思議なことには何か裏があり、そこに私たちの知らない仕組みが隠されているはずと考えるのが科学の姿勢です。

5−9 炭素が存在するというあり得ない偶然

微調整問題のよく知られた例として、炭素の存在が挙げられます。物理定数がちょっと違うだけで炭素がこの宇宙に存在しなくなります。炭素は生命活動にとって、なくてはならない元素のひとつです。これがなければ私たちも存在しません。

炭素は宇宙の初期にはほとんど存在しませんでした。第1章で少し触れたように、現在の宇宙にあるほとんどの元素は、水素とヘリウムを原料として、星の中で起きた核反応により作られました。このときに炭素ができるための条件はとても厳しいものでした。

炭素原子核は星の中でヘリウム原子核が３つ合体することによって作られます。このとき、はじめにヘリウム原子核が２つ合体してベリリウム原子核になり、それがすぐさまもうひとつのヘリウム原子核と合体して炭素原子核になります。

この反応には絶妙な関係が潜んでいます。量子論の原理により、原子核が持つことのできるエネルギーの値は一般にとびとびで、任意の値はとれません。このとびとびの値を「エネルギー準位」といいます。炭素原子核のエネルギー準位のひとつがちょうどよい特別の値を持っているおかげで、炭素原子核ができることがわかっています。

ここで問題になった炭素のエネルギー準位は、それがなければ私たちも存在していないはずだから、という理由でフレッド・ホイルによって予言されました。その予言をもとにウィリアム・ファウラーのグループが実験で調べてみると、本当にそれが発見されたのでした。それは、生命の存在と物理法則の間に深い繫がりが垣間見えた瞬間でした。

ちなみに、作られた炭素原子核がもう一度ヘリウム原子核と反応して酸素原子核になってしまわないためにも、原子核のエネルギー準位の間にちょうどよい関係があります。

エネルギー準位を決めているのは物理定数の値ですから、もともと物理定数の値自体が炭素を作り出すのに絶妙な値を持っているということになります。炭素より重い元素も星の中で作られますが、それらは炭素を経由して作られます。炭素が作られなければ、これらの多様な元素も作られません。

これら多様な元素がなければ、私たちの知っている世界はできませんでした。では、なぜ自然法則が生命を生むように微調整されているのでしょうか。

5―10　この宇宙が存在するためのあり得ない微調整

炭素のエネルギー準位は、宇宙の微調整問題のほんの一例です。他にも、弱い力が少しでも大きかったら、宇宙初期に作られる中性子がすぐに陽子になってしまい、最終的にヘリウムが作られず、そして再び炭素ができなくなります。逆に弱い力が少しでも小さかったら、今度は最初に中性子が作られすぎてしまいます。すると元素はヘリウムばかりになって水素がなくなります。すると、水素を燃料にして輝いている太陽は存在しません。なにより水素がなければ私たちに必要な水が存在できません。

宇宙の微調整問題はこれだけではありません。他にも様々な種類の微調整問題が知られています。その中のごく一部を以下に紹介します。

重力と電気力の大きさには莫大な違いがあります。なぜそんなに違うのかも大きな謎ですが、その大きさの比が異なると、地球上に生命が生まれることはありません。電気力を一定にしておいて重力を少し強くすると、太陽の周りに惑星が生まれなかったでしょう。逆に重力を少し弱くすると、超新星爆発が起こらず、星の中心部に作られた炭素などが宇宙空間にばらまかれることがなかったでしょう。

このように物理定数を少しでも変化させると、現在の私たちが存在する条件をすぐに破ってしまいます。少なくとも私たちのような人間が存在するためには、適当に持ってきた物理定数ではだめで、非常に特殊な値を必要とします。

もちろん、違う物理定数を持つ宇宙でも、私たちが考えるのとは全く違う構造の生命体が存在するという可能性もないとはいえません。しかし、それを確かめる方法は今のところありません。少なくとも私たちのような体の構造を持つ知的生命体が成立するためには、いろいろな物理定数がかなり狭い範囲に限定されていることは確かです。広い範囲の物理定数を許す生命体があるかもしれないことを否定はできませんが、そうだとしてもそれはかなり原始的なものに留まり、それが知的生命体となることはほとんどありそうもないとも考えられます。

宇宙の微調整問題の最たるものは、ダークエネルギーです。観測されているダークエネルギーの密度は真空エネルギーとしてはあまりに小さすぎる値であり、不可解なほどの微調整が裏で行われていると考えざるを得ません。

ダークエネルギーは宇宙を膨張させる力を持つので、その密度が大きすぎると宇宙は速く膨張しすぎ、星や銀河などの天体が作られなくなります。そうすると私たちは生まれません。逆にダークエネルギーが小さすぎて負の値になると、宇宙はすぐに収縮して潰れてしまい、これまた天体が作られる時間がありません。

第3章で述べたように、場の真空エネルギーとして自然に期待される値は、実際のダークエネルギーの密度よりも1兆倍を10回繰り返して、さらに1000倍（10^{123}倍）したほど多い量です。この莫大な量の真空エネルギーに、なんらかの偶然の打ち消し合いなどが働いて、観測されるダークエネルギーの量になっているのだとしたら、それはこの巨大な数で表される回数に1回というまれな出来事が起きたということです。とても偶然では片付けられません。

宇宙の曲率がゼロに近いというのも生命にとっては必要です。宇宙の初期に曲率が少しでもあると、その宇宙はすぐに潰れてしまうか大きくなりすぎるかして、天体が作られなくなります。しかし、この問題には解決策があります。宇宙初期にインフレーション期があれば、そのときに曲率がほとんどゼロへ微調整されます。

インフレーションを自然に起こす機構があれば、曲率に関する微調整問題は一応解決されます。しかし現状では、微調整を全く必要としない自然なインフレーションの機構があるとは言い切れないので、完全に解決されているわけではありません。

宇宙マイクロ波背景放射の温度ゆらぎが10万分の１程度なのも、生命の誕生にはちょうどよい値です。これよりゆらぎが小さいと、私たちの銀河に進化するはずの原始銀河から熱を抜くことができません。熱を持ったままの原始銀河には星ができず、私たちは生まれません。逆にこれよりゆらぎが大きいと、銀河が大きくなりすぎて、星が混み合って存在するようになります。すると、惑星は長い間安定して恒星の周りを回ることができなくなり、生命が進化する時間はなくなります。

これについて、インフレーション理論は、量子ゆらぎによって宇宙の初期ゆらぎを作り出す機構も提供します。しかしやはり、多くのインフレーション理論では、微調整をしない限り初期ゆらぎが大きくなりすぎます。

空間の次元が3であるというのも、高度な生命の存在にとっては大事です。1次元や2次元では、複雑な生命活動はできません。4次元以上では、私たちの体を作っている原子が安定的に存在できなくなります。

さらに、惑星が太陽の周りを安定して回り続けられるのも、空間が3次元のときだけです。3次元以外の空間での重力の性質を計算してみると、惑星は太陽に落ちてしまうか、あるいは太陽から遠ざかってしまう軌道しか描けません。

もし空間の次元が何でもよいのなら、なぜ生命の存在に都合のよい「3」という数字が選ばれているのか不思議です。生命が生まれなくてもよいのなら、100次元の宇宙とか1兆次元の宇宙、極端には無限次元の宇宙を考えることも数学的には可能です。そんな宇宙は複雑すぎて、その中で起きていることを人間は認識できないでしょう。生命が存在できるほど十分複雑で、かつそこで何が起きているのか人間にわかるほど単純なもの、それがこの宇宙です。

かつてアインシュタインは「この世界で最も理解できないことは、この世界が理解可能であることだ」、と言いました。なぜ人間は物理学を使ってこの世界を理解することができるのか、物理を学んだり研究したりするものにとって、それは大きな不思議です。宇宙は理解可能なように作られている、このことも一種の微調整問題といえなくもありません。

5－11　人間原理をめぐって

この宇宙が唯一ではなく、無数にある宇宙の中でたまたま知的生命体を生む宇宙がこの宇宙だったと考えると、微調整問題はすっきり理解できることを述べました。

似たようなことは昔から天文学の世界で知られています。例えば、広大な宇宙空間の中で私たちは太陽の近傍という極めて特殊な場所にいます。宇宙の中からでたらめな場所を選んでくれば、そこが恒星の近傍である確率はほとんどゼロです。しかし恒星からはるかに離れた場所では人間が生きられないので、人間が恒星の近傍にいることは微調整でもなんでもありません。

観測する人間がいる場所という条件が、自動的に恒星の近傍を選択しています。このようなことを、「観測選択効果」といいます。

同じように、生命の誕生しない宇宙も含めて無数に宇宙があるならば、私たちの宇宙が生命にとって都合がよいことは微調整でもなんでもありません。単なる観測選択効果です。このようにして、人間が存在するという条件のもとで宇宙の性質を説明しようとする立場は、「人間原理」と呼ばれます。

人間原理という言葉は、１９７3年にブランドン・カーターによって使われ始めました。これに対比される考え方は「コペルニクス原理」です。コペルニクス原理は、地球が宇宙の中心でないという事実を述べています。このコペルニクス原理を拡張すると、私たち人間のいる場所は宇宙で特別な場所ではないということになります。しかし観測選択効果により、人間のいる場所はある程度特別なものにならざるを得ないのも事実です。このことを「人間原理」という言葉で表したのでした。

人間が恒星の近傍にいる理由はこの人間原理で説明できました。現在の宇宙年齢が１００億年程度である理由も同様です。星の中で炭素など生命に必要な元素が作られ、超新星爆発によりそれらが宇宙空間にまき散らされ、そして太陽系ができて惑星が生まれ、地球上に生命が誕生して進化し、高度な知性を持った人間が生まれるまでを考えれば、現在の宇宙年齢が１００億年よりもずっと少ないことはあり得ません。逆に宇宙の年齢がそれよりもずっと大きいと、安定して惑星が回り続ける太陽系のようなものは宇宙の中になくなってしまいます。

このように宇宙の中で人間の占める場所と時間がある程度限定されるということは当然のことであり、これをカーターは「弱い人間原理」と呼びました。さらにカーターは「強い人間原理」というのも考えられると言いました。それは、「宇宙は必ずどこかで知的生命を生むようなものでなければならない」という原理です。

この原理は、宇宙の微調整問題に対する一種の説明を与えます。物理定数がこういう値なのはなぜか、という疑問に対して、それは私たちが存在するからだ、と説明することになります。

しかしここで、私たちが存在するのはなぜか、という疑問に対して、それは物理定数がこういう値だからだ、と答えるならば全く意味がありません。単なる同語反復であって、何も言っていないのと同じです。強い人間原理が何か意味を持つとすれば、私たちがこの宇宙に存在しなければならない根本的な理由を明らかにしなければなりません。

宇宙が唯一の実在だとすると、強い人間原理はかなり謎めいた哲学的なものになります。神様が宇宙をそのように作ったのだ、という結論に導かれてしまってもおかしくはありません。あるいは、宇宙が存在する目的は人間を生み出すことである、という目的論になってしまうかもしれません。そういうことになるともう、微調整問題に対する科学的な説明をあきらめざるを得ません。説明できないという証明がされるならともかく、よくわからないまま説明をあきらめることは、科学として健全ではありません。

強い人間原理を多少なりとも科学的に扱う方法のひとつは、微調整問題のところでも述べたように、多宇宙を考えることです。おのおの異なる物理定数の値を持っている多数の宇宙があったとき、そのほとんどには生命が生まれないでしょう。しかし、ひとつでも人間の生まれる宇宙があれば、それが人間に観測されます。この宇宙に人間がいるのは、そういうまれな宇宙も実現するほど十分な数の多様な宇宙があるからだ、ということになります。

するとこの宇宙に人間が生まれることは、多宇宙の中での観測選択効果にほかなりません。つまり強い人間原理も、多宇宙の枠組みの中では弱い人間原理とさして違わないことになります。

ただし、多宇宙を考えることですべて問題が解決すると思ってしまうのは早計です。多宇宙に頼らずに強い人間原理を解釈することができないとは言えません。量子論においては、宇宙そのものが確固たる実在とは言えないからです。多宇宙に導かれる多世界解釈を別にして、量子論の原理を宇宙全体に当てはめれば、宇宙を観測するまで宇宙の状態が確固たる存在としては確定しないことになります。

この考えをさらに推し進めると、特定の物理法則や物理定数の値を持つ宇宙の存在自体が、その中に生まれる生命体によって観測されるまで確定しないということも考えられます。この宇宙を観測するものがいて初めて宇宙が存在するようになるのかもしれません。そして観測するものがいない宇宙は存在できないのかもしれません。

重力理論の大家でブラックホールの名付け親でもあるジョン・アーチボルド・ホィーラーはこのように考えました。この考え方は強い人間原理の変種で、「参加型人間原理」と呼ばれます（図27）。

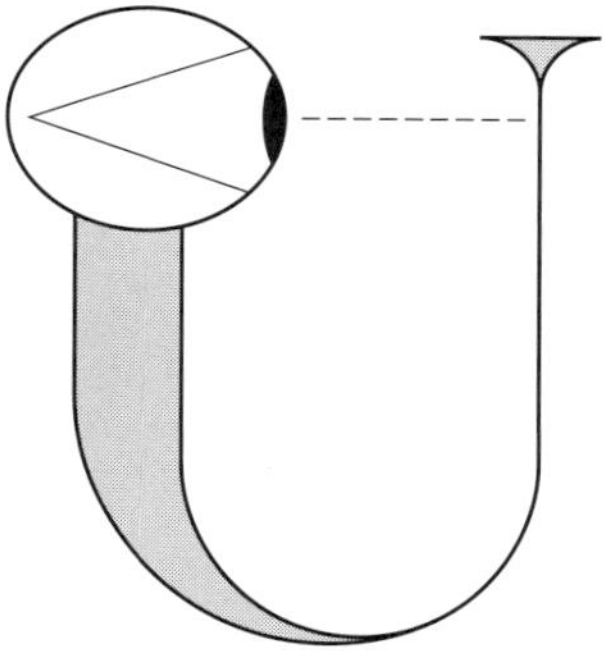

資料：J.A.Wheeler 自身の図をもとに作成

図27　ホィーラーの参加型人間原理を表す図。宇宙（U）は自分自身を観測することで存在できるようになる、という考えが象徴的に表されている。

ジョン・バローとフランク・ティプラーは、ホィーラーの参加型人間原理をもとにして、「最終人間原理」なるものを考えだしました。知的な情報処理をするものが宇宙の中にいつかは存在しなければならず、いったん存在するようになればそれはなくなることがない、というものです。

このように、強い人間原理の背後にはいろいろな考え方があります。しかし、現段階ではそれらが正しいとか間違っているとかを判断することはできません。宇宙を自由自在に作る実験でもしない限り、そんなことはできそうにありません。

ここが、強い人間原理の難しいところです。一般に「原理」が科学として有用であるのは、そこから何か実験的に確かめられる、自明でない結論を導きだすことができる場合に限られます。実験的に確かめることが原理的に不可能な理論は、科学ではなく宗教のひとつになってしまいます。多数の理論的可能性が検証されることなく並び立てば、あとはどれを信じるか、信じないか、という問題しか残らないからです。

強い人間原理の背後にある宇宙の姿を推測することが、科学としてどのような意味を持っているのかについては、研究者の間でも意見が割れています。将来的にその意味を解明できるような技術が発見されるかもしれませんし、あるいは逆にそんなことはできないと証明されてしまうかもしれません。

現状ではどちらになるかはわからないので、考えられることはすべて考えておくことが今の私たちにできる最善のことでしょう。その意味ではあらかじめ結果を予想して、強い人間原理に意味がない、と決めつけてしまうのもどうかと思います。

実際、強い人間原理の考え方自体は科学的に有用でした。ホイルが炭素のエネルギー準位のひとつを予言できたのも、強い人間原理の考え方に基づいていたといえます。これまでのところ、強い人間原理が十分に定量的な予言を与えた例はこれだけですが、この宇宙に人間の生まれる条件がさらに明らかになれば、同様のレベルで多数の科学的予言を行うことができるかもしれません。

宇宙定数、あるいはダークエネルギーの量がどうしてこれほど小さいのかについても、強い人間原理はその根拠を与えます。しかし、私たちに知られていない物理的な機構があるかもしれません。通常の物理学で理解できないことに対して、人間原理で説明できるからそれでよいと考え、それ以上の追求を止めてしまっては、何の進歩もなくなります。

何でも人間原理で説明しようとすることは避けなければなりません。生命の生まれる条件に曖昧さがある限り、そこから引き出される結論にも必ず曖昧さが伴います。これは強い人間原理に真実が含まれているかどうかとは別の問題です。

人間原理の教えてくれることは、自然界の定数や法則には、必然的にそうなっているものと、私たちが存在するところだけで偶然そうなっているものの2種類があり得るということでしょう。宇宙の真実に迫るためには、考えている問題がどちらなのかを見極めていくことが必要です。人間原理の存在意義は、研究を進める指針となるところにあるのだと思います。

5－12 マルチバースの世界

宇宙は英語で「ユニバース」(Universe) です。ユニ (Uni) というのは「ひとつの」という意味なので、これを「多数の」という意味のマルチ (Multi) に変えた「マルチバース」(Multiverse) という言葉が多宇宙を表します。マルチバースの中のひとつの部分が私たちのユニバースです。

マルチバースの可能性があることは、ここまでに何度も述べてきました。永久インフレーションの仮説では、ひとつの親宇宙から無数の子宇宙や孫宇宙などが作られます。無からの宇宙創世の仮説では、無の中にいくらでも宇宙ができる余地があります。ワームホールを通じて過去へ戻る経路ができてしまった場合、そこから平行宇宙へ分岐する可能性があります。量子論の多世界解釈では、今この瞬間にも宇宙はあらゆる可能性へと分岐していて、数えきれないほどの平行宇宙があることになります。宇宙の微調整問題は、マルチバースを考えることで自然に解決できそうに見えます。

マルチバースは一見、万物の理論の考え方と相容《あいい》れないように見えます。万物の理論があるならば、それは単純な基本原理から出発して、この宇宙の性質を曖昧さなしにすべて導きだすようなものと考えられます。その理論の中には自由に調整できるパラメータが全く含まれず、宇宙のすべての性質は数学的な関係性だけから導かれる、そういう理論であってほしいという期待が込められています。

マルチバースはそのような期待を打ち砕きます。この宇宙は唯一絶対のものではなくなるので、数学的な関係性だけからこの宇宙の性質をすべて導きだすことはできなくなります。万物の理論のようなものがあったとしても、それは可能な宇宙の種類を与えてくれるにすぎず、私たちがこの宇宙に住んでいる理由を与えてくれることはありません。なぜこの宇宙か、という問題には強い人間原理のようなものが必要になります。

万物の理論の候補であるストリング理論／M理論も、当初はこの宇宙を唯一絶対の存在として導くという明確な目的を持って研究されていました。しかし、その試みには現在まで誰も成功していません。逆に、唯一の宇宙どころか膨大な種類の宇宙があり得るという可能性が導かれてしまいました。論理的に可能な宇宙の数は、１兆を41回１兆倍して、さらに１億倍したほどの数（10^{500}）ほどもあるといいます。

このため、ストリング理論／M理論の研究者の中には、この宇宙を唯一絶対の存在と見なさない人も増えてきました。膨大な数の宇宙が可能になるため、それらがマルチバースとして存在すると考えるわけです。その中にひとつでも人間が存在できるような宇宙があれば、それが強い人間原理の根拠となり、私たちの存在する宇宙が説明できます。

ストリング理論／M理論が予言する、たくさんの可能な宇宙を寄せ集めたマルチバースのことを、「風景」（ランドスケープ）と呼びます。宇宙のとり得る可能性のすべてを、複雑に入り組んだ山や谷からなる風景になぞらえ、その風景の中にある無数の谷底のひとつひとつが、安定して存在できる宇宙の候補だと考えるイメージです。

人間原理を援用してしまうと、もはやこの宇宙の性質をすべて導きだすという万物の理論の理想がくじかれます。もはや、ストリング理論／M理論が完全な万物の理論であるとは呼べなくなります。

ちなみに、このように考えることを嫌う人々もいます。彼らは、ストリング理論／M理論が十分理解された暁《あかつき》には、人間原理に頼らずにやはり唯一絶対の宇宙を導けるはずだと考えています。これら2つの立場は対立しているので、どちらが正しいのかという論争が研究者の間で繰り広げられています。

ランドスケープの観点に立てば、万物の理論の探求はちょうど、地球に月があることを自然界の必然として説明しようとするようなものかもしれません。現代の私たちは、地球に月ができたのが太陽系の歴史の中での偶然の出来事であることを知っています。そして、もし月がなければ、地球の地軸は安定せず、海には潮の満ち引きもなく、地球は8時間で自転するなど、地球の環境は激変し、人間のような知的生物が生まれる見込みは極めて低くなります。地球に月があることを弱い人間原理で説明しても、それほど違和感はありません。

このように、最近は宇宙論のみならず素粒子論の研究分野においてもマルチバースの可能性が浮上しています。物理学的に宇宙を考察すればするほど、この宇宙がいかに特殊で奇妙なものかが明らかになります。このため、マルチバースを考えたほうが宇宙を理解しやすくなります。

しかし、マルチバースの考え方には欠点もあります。まず、それがあるかどうかを確かめる手段が、今のところ見当たらないことです。いくらマルチバースを考えたほうが都合がよいといっても、それでマルチバースがあるという証拠にはなりません。マルチバースが本当に存在するというならば、科学としてそれを実証することが不可欠です。そのような手段があり得るのでしょうか。

また、マルチバースを考えることで、この宇宙の姿があまりにも複雑になってしまいます。科学としてのよい理論を選ぶ指針として、「オッカムの剃刀《かみそり》」というものが知られています。これは、「同じ現象を説明する理論が2つ以上あれば、仮定の少ない簡単なものを選べ」というものです。例えば、複雑な周転円の仮定を含む天動説よりも、ニュートンの万有引力の法則だけで説明できる地動説のほうがよいということです。

マルチバースは必要以上にこの宇宙の姿を複雑にしているので、このオッカムの剃刀の精神に反するという意見もあります。しかし、オッカムの剃刀が常に正しいとは限りません。例えば原子の存在が初めて考えられたのは、まだ原子が見つかっていない時代です。存在が確かめられていないからといって原子の存在を理論から排除してしまったら、真実にはたどり着けませんでした。マルチバースは天動説のようなものかもしれませんし、原子論のようなものかもしれません。今はどちらかわかりません。

いずれにしろ、マルチバースが科学的な土俵で議論されているだけでも、驚くべきことです。マルチバースの是非をめぐる議論は、今後もしばらく続くでしょう。

5－13　マルチバースの存在とは

古典的な物理学では、人間は宇宙の中にいてもいなくてもよい、取るに足りない存在と考えられていました。しかし、相対性理論や量子論によって、観測を行う人間の存在が再び重要性を帯びてきました。量子論の解釈問題は、人間の存在が宇宙の中心的なものであるという可能性すら呼び起こしました。宇宙の微調整問題を解決するための強い人間原理には、人間の存在を宇宙の根本原理にまでしようというニュアンスすら含まれています。

これに対して、量子論の多世界解釈などを含むマルチバースの概念は、再び人間を取るに足らないものに貶《おとし》めます。想像を絶する広大なマルチバースの中で、ごく辺鄙《へんぴ》な特殊な場所に、たまたま人間が生まれる条件が整っていたのだということになります。マルチバースの中で人間が生まれる必要性はありません。人間が生まれるという特殊な条件が実現するほどマルチバースは巨大な可能性を含んでいる存在だというだけのことです。

そう考えると、マルチバースの考え方は急進的のように見えてその実、古典物理学への回帰ともいえる保守的な面を持っています。マルチバースの従う物理法則が何なのかわかっているわけではありませんが、それは人間の存在とは関係がありません。多世界解釈によれば、量子論の確率的性質も人間がひとつの宇宙しか認識できないことからくる見かけ上のもので、マルチバース全体の進化は完全にひと通りに決まっていることになります。

マルチバースという奇怪な描像を受け入れて、さらに人間の認識メカニズムに大胆な仮定をすれば、このようにわかりやすい古典的な方法で宇宙が理解できそうにも見えます。しかし、一面ではこの解決方法が安易に過ぎる感じもします。本当に人間などの生命は、宇宙にとって取るに足りない存在なのでしょうか。

そもそも、マルチバースが存在する、と言ったとき、存在するという言葉の意味をどのように捉えればよいのでしょう。ここにコップが存在する、というのと同じ素朴なイメージでよいのでしょうか。マルチバースも、この宇宙空間の中ではないにしても、どこか別次元の場所に、ここにコップが存在するのと同じように存在しているのでしょうか。

しかし、コップがここに存在するとき、それは自由に見たり触ったりできます。そのようにして確かめた結果、私たちはそれがここに存在していると確信します。一方、マルチバースは見たり触ったりできません。マルチバースが存在すると言ったときの「存在」は、コップがここに存在すると言ったときの「存在」とは少しニュアンスが違います。

見たり触ったりできない「存在」の例として、お金の価値を考えてみましょう。百円玉や千円札のような物体ではなく、そこに付随する価値のことです。例えば電子マネーはすでに実体を伴わない情報でしかありませんが、みんなそこにお金という価値が存在していると考えて生活しています。コップがそこに存在するというのと同じ感覚で、お金も存在していると考えていることも多いのではないでしょうか。実体はそうでなくとも、そう考えると便利だからです。

マルチバースの存在を考えると便利ですが、それはお金の価値の存在にも似て、見たり触ったりできない「存在」です。存在するかしないかを決めているのは最終的に人間です。見たり触ったりできず、他にどんな方法を使ってもその存在をうかがい知ることができないものについて、単純に存在すると考えれば便利だからという理由だけで、実体として存在することになるのでしょうか。

このように考えると、「存在する」という言葉の意味がはっきりしていないことに気づくでしょう。「存在する」という言葉の意味など説明するまでもなくわかっているように思われていますが、改めてその意味を説明せよ、と言われても困ります。ちょうど、「時間とは何か」という問題とも似ています。物理学では、存在することの意味を問題にすることは通常ありません。それについてどのように解釈するにしても、物理学として実証できない事柄である限り、そこから実りのある結論は出てこないからです。

このため、何が存在して何が存在しないか、という判断は人によって異なることになります。ここではそれについて普遍的な結論を強引に出すつもりはありません。その代わり、宇宙やマルチバースがどこまで存在するのかについて、あり得る可能性を考えてみます。

5－14　存在するかしないか、それが問題

あなたは次のどの段階まで「存在する」と言えると思いますか。

①自分の目で実際に見ることのできる宇宙の範囲
②人類がこれまでに観測したことがある宇宙の範囲
③まだ人類には観測されていないが、原理的には観測できる宇宙の範囲
④いくら技術が進んでも原理的に観測できない宇宙の範囲
⑤原理的に観測できないが、論理的に存在可能な別の宇宙

⑥論理的に存在可能かどうかを原理的に証明できない別の宇宙
⑦論理的に存在不可能な別の宇宙

まず①は夜空を見たときに広がる星の世界です。自分の目で見えるものは存在していると考えるならば、これは存在しています。

もしあなたが①も存在しないというなら、あなたは哲学者かもしれません。仏教に般若心《はんにゃしん》経《ぎょう》というお経があります。そこには、この世の中はすべてが無であり、あらゆるものは存在しない、というようなことが書かれています。そこまで達観すれば、宇宙の存在について思い煩うことからも解放されて解脱《げだつ》しているに違いありません。解脱していない俗人にとっては、自分の目に見えるものは存在していると考えたいところです。

次に②は、あなた自身ではなくても、誰か他の人によって観測された宇宙の範囲全体です。それは記録に残っているので、どこにどのような天体があるかは記録を調べればわかります。これが存在しないと思う人は、かなりの懐疑論者です。自分で直接確かめたこと以外は、その存在すらも信じないというわけですね。しかしそれでは学問の進歩がなくなってしまいます。他人が観測したことであっても、その観測が十分に信頼できるならば、それは存在していると考える人は多いでしょう。

次に③は、観測しようと思えば観測できるけれど、実際には観測されていない宇宙の範囲です。非常に遠方にある天体や、近くにあっても非常に暗いために巨大な望遠鏡を向けなければ見えない天体などを含みます。また、現在の技術では観測できないけれど、将来の技術により観測できるはず、と考えられる宇宙の範囲も含みます。

古典的描像に基づくのなら、このような宇宙の範囲は確実に存在します。観測しようがしまいが、実際に存在しています。しかし、もし宇宙にも量子論の論理が当てはまるならば、観測されていない宇宙の領域はまだ確定的な状態にはないはずです。すると確実に存在しているとは言えなくなります。このような領域になると、物理学的にはそこに微妙な問題が含まれ始めます。

次に④ですが、これは宇宙の地平線の外を含みます。宇宙膨張が加速していると、いくら待っても、十分遠くの宇宙からは光などのどんな信号もやってくることができません。そこは原理的に人間には観測できない場所です。つまり、その存在を実証することが永遠にできません。原理的に存在を確かめられないとわかっているものについて、それが存在するかしないかを議論することに意味があるかは自明ではありません。

しかし、そこは私たちの住む宇宙の３次元空間と空間的に連続して繋がっています。このため、古典的描像に基づく標準宇宙論では、そのような場所にも私たちの周りと同じような宇宙が広がっていると考えられています。単に見えていないだけの存在というわけです。もちろんここでも、量子論の論理を考慮すると微妙な問題が持ち上がることは、③の場合と同じです。

次に⑤は、私たちの宇宙の３次元空間とは空間的に連続して繋がっていないマルチバースを含みます。存在すると考えても論理的に矛盾しない、存在可能な別の宇宙すべてです。このへんになると、かなり意見は割れるはずです。存在可能な宇宙はいくらでも思いつきます。それらは実際に存在するのでしょうか。マサチューセッツ工科大学のマックス・テグマークは、内部に矛盾を含まない宇宙の数学的モデルはすべて存在する、という極端な「数学的宇宙仮説」を提唱しています。これについてはすぐ後でも取り上げます。

次に⑥を考えましょう。宇宙が存在可能かどうかを証明できない、などということがあるのかと思うかもしれません。ある宇宙を表す数学的構造に矛盾がなければ、その宇宙は存在可能と考えられます。しかしここに「ゲーデルの不完全性定理」というものが証明されています。この定理によると、ある数学的構造が自然数の体系を含んでいる限り、その中の論理だけではどうしてもその数学的構造自身に矛盾がないことを証明できない、ということが示されています。さらには、そういう数学的構造の中に正しいか正しくないかを論理的に決定できない問題が必ず存在するということも証明されています。つまり、ゲーデルの不完全性定理は、数学的構造それ自体では自己完結した完全な論理体系になり得ない、という衝撃的な定理です。

これによれば、ある宇宙を表す数学的構造があるとしても、その数学的構造の中だけではその宇宙が存在できるかどうかを証明できないことになります。さらに広く考えて、マルチバース全体を表す数学的構造があるとしても、その中には証明できない事柄が必ず存在します。このことを考えると、⑥に含まれる宇宙はかなり多いと思われます。論理的に存在可能かどうか永遠にわからない宇宙は、存在するとも存在しないとも言えないグレーゾーンに放り込まれてしまいます。

最後に⑦ですが、これは言葉遊びのようなもので、存在できないと言っているのですから、存在しません。仮定がそのまま結果です。しかし、矛盾を含んだ宇宙も存在するかもしれない、などと言い出せばその限りではないかもしれません。この場合には人間の論理は当てにできないことになり、何も考えられなくなってしまいます。

5－15　存在可能な宇宙と実際に存在する宇宙

テグマークはマルチバースを4段階に分類しています。第1段階マルチバースは宇宙の地平線の外のように、空間的には繋がっているけれども観測のできない宇宙の場所のすべて、第2段階マルチバースは永久インフレーションが示唆するように、空間的にそのまま連続した形では繋がっていない独立した宇宙の場所、第3段階マルチバースは量子論の多世界解釈に現れてくる、気の遠くなるような多世界、そして第4段階マルチバースは考えられる限りの異なる数学的構造を持つすべての可能な宇宙をひっくるめたものです。

この分類では、私たちの考えた④が第1段階マルチバースに対応し、⑤は第2段階から第4段階マルチバースに対応します。テグマークの主張する数学的宇宙仮説では第4段階マルチバースまでがすべて存在します。すなわち⑤に当てはまる宇宙はすべて存在することになります。可能なら何でも存在するという、ずいぶん間口の広い仮説です。

そんなに間口を広げることに意味があるのでしょうか。例えば、他の宇宙からは完全に独立していて、内部に何も含まない1次元空間を考えてみましょう。これは単に、無限に伸びた数直線と同じです。そこには時間の流れもありません。この数直線は論理的に存在可能なので、数学的宇宙仮説が正しければ、これも宇宙の一種として存在します。しかし、この数直線の中には何も含まれていません。そこにはどんな論理もなく、どんな因果関係もありません。この数直線の中にも外にも、それを観測する観測者はいません。

そんな宇宙はあってもなくても、私たちにとってはどちらでも同じです。その存在を確かめる手段は全くありません。そうであるならば、それが存在するとかしないとか主張することにどんな意味があるでしょうか。

そこであなたは、「よしわかった、テグマークは間違っている、単なる数直線のようなものは単純すぎるので宇宙としては存在しない」と考えることにしたとしましょう。でも、それはそれでまた、難しい問題にぶち当たります。私たちの宇宙は十分複雑なので存在し、単純な宇宙は存在しないというなら、どの程度複雑ならば存在できるという境目があるはずで、それが何かということを決めなければなりません。

存在可能なすべての宇宙のうち、あるものは実際に存在して、あるものは存在しないということになると、その区別を誰がするのかという問題が必ず現れます。それを避ける単純な解決法が、存在できるものはすべて存在すると考える数学的宇宙仮説だったわけです。これと完全に逆の考えは、存在可能な宇宙は私たちの宇宙だけというものです。

そうした両極端を採用しないのであれば、存在する宇宙と存在しない宇宙の区別をつけねばなりません。それは何か私たちの知らない原理で分けられていることになりますが、それが何なのかは完全に未知の彼方に隠されています。

強い人間原理は、これについてあり得るひとつの原理を与えています。つまり、知的生命を中に含む宇宙だけが存在するという原理です。しかし、私たちはマルチバースを支配する法則を知っているわけではないので、知的生命を含まない宇宙も存在できるという可能性も考えなければならないかもしれません。

このようなことをあれこれと考えるのは楽しいのですが、結局いつまでたっても結論が出そうにはありません。その大きな原因は何かというと、このような議論に使われている「存在」とか「知的生命」の概念がはっきりと定義されていないことにもあります。「存在」の意味があまりはっきりしていないことは先に述べました。また人間原理に出てくる「知的生命」が何を指しているのかもはっきりしません。人間だけを指しているのか、猿や犬でもよいのか、それともバクテリアでもよいのか、どこに境目があるのかが明らかではありません。

5－16　マルチバースは存在しない？

考えてみれば、存在するとかしないとかを決めているのは私たち人間です。私たちは常に周りに起こっていることを認識していますが、それは五感からくる信号を脳の中で情報処理している結果です。その情報処理の過程で、あれが存在する、これは存在しない、などと判断しているわけです。

例えば、前にも考えた、コップが手元に存在する状況を考えてみましょう。手元を見ればいつでも同じ形のコップが見え、手で触ればいつでも同じコップの感触が得られる、などという確信を持ったとき、私たちはコップがそこに存在する、と言います。私たちは直観的に、感覚器官とは関係なくコップはそこに存在していると考えています。しかし実際には、感覚器官から脳に信号が伝わった後に情報処理が行われなければ、私たちは存在を確信することができません。

私たちが存在すると確信するものでも、実際には私たちが思うようには存在していないという可能性もあり得ます。私たちの脳にとって、感覚器官とは関係なくものが存在すると考えるほうが情報処理をしやすいだけのことかもしれません。

天動説を例にとってみましょう。天動説では、惑星は天を動く周転円の周りを回転します。こう考えると惑星の動きが正確に予言できます。天動説を信じる人にとって、周転円はまぎれもなく存在するものでしょう。しかし、実際の宇宙にそのようなものは存在しません。地球が動かないという仮定のもとで周転円が存在すると考えれば見かけの惑星の動きが理解しやすいだけのことであり、実際にその存在は幻想です。

存在するという言葉を使わないとすると、物理学の理論は何を与えているのでしょう。それは、私たちの感覚器官を通して得られる情報と情報の間に見いだされた、数学的関係であるといえます。その数学的関係の背後に感覚器官と切り離された「存在」がある、と考えることは、私たちの日常の思考形式で便利なためであって、日常生活を超えた領域にまでその考えを拡張することは不適切なのかもしれません。このような考え方は、量子論の解釈においてボーアが主張していた考えでもありました。

量子論の奇妙さは、私たちが見ていないところで粒子の性質がはっきり決まった値を持たないところにあります。ひとつの粒子が同時に２ヶ所に存在するとしか思えない行動をしたり、あらかじめどういう観測がされるかを知っていたかのような振る舞いをします。

このような量子論の奇妙さは、粒子などがいつでも決まった性質を持って存在しているはずだ、という考えから来ています。存在するという概念自体が脳の中における情報処理に伴って現れる二次的なものならば、これらのことは特に奇妙ではなくなります。

マルチバースの存在も、私たちの感覚器官から切り離された形でそれが存在するかどうかを決めることに何の意味もないのかもしれません。マルチバースを考えると微調整問題が理解しやすくなるからというだけの理由で、莫大な数の多宇宙の存在を仮定するのはあまりに安易な方向である可能性もあります。

マルチバースの導入の根底には、この宇宙を古典的描像で理解したいという人間の望みが見えるような気もします。古典的描像とは、すべての物事が確固として存在するという見方です。量子論の多世界解釈にしても、強い人間原理の説明として多宇宙を考えるにしても、あるいは何でも存在する数学的宇宙仮説にしても、マルチバースを導入しなければ存在があやふやになってしまうものばかりです。マルチバースの導入はすべてを確固とした古典的な存在にします。

しかし、もし存在という概念が人間の脳の中だけで考えられた二次的なものならば、マルチバースは何の解決にもなりません。私たちの宇宙と切り離されたマルチバースが存在するということ自体に意味がなくなってしまうのですから。

この考えの上に立てば、粒子や物体の存在とその振る舞いを表す数式自体、それを観察する人間の脳の中で行われる情報処理の仕方に縛られているかもしれません。物理法則の形は、私たちが世界を把握する方法に依存している可能性があります。

もし私たちとは全く違う方法で世界を認識している知的生命のようなものがいれば、彼らの発見する物理法則を表す数式の内容も異なっているかもしれません。それどころか、私たちが普遍的だと信じている数学の体系すら、異なる論理で構成されているかもしれません。このように言うと、数学者には怒られるかもしれません。でも、論理的思考は人間の脳の中で行われるものです。それが人間の脳の構造に依存したものでない、と断言できるものでしょうか。

5－17　時間や空間は本当に存在するか

存在に関するこのような疑念は、時間についての問題にも共通するものがあります。人間が感じる時間の感覚は、物理学で用いられる時間と大きく乖離《かいり》しています。物理学では時間は単にラベルのようなもので、出来事の順序を表す数字にすぎません。物理学の見方では、時間に現在、過去、未来という絶対的な区別はありません。ある出来事が他の出来事よりも過去か未来かということを相対的に決めることはできても、絶対的な現在というものや、人間の感じている時間の流れのようなものは物理学の記述の中に存在しません。

一方、私たちの感覚では、現在というものが厳然とここにあるように感じています。過去や未来は現在にはありません。今、この現在というものに特別の意味があります。しかもその現在は次々と過去になっていき、現在は次々と未来からやってきます。未来が過去へと押し流されている、その境目が現在だというように感じます。

このような感覚は明らかに、私たちが現在という時間しか一度に認識できないことから来ています。過去から未来へと向かうすべての時間の中で、私たちは現在という時間だけを切り取って認識しています。そうすることでこそ、論理的な思考が可能になるとも考えられます。論理というのは因果関係であり、因果関係に時間的順序は欠かせない要素です。

これをさらに進めて考えてみると、人間がこの世界を論理的に把握して生き抜いていくために、「時間の流れ」という物理学的には存在しない概念を作り上げているのかもしれない、という考えもできます。

空間についても時間と同様、人間の論理的思考形式に結びついた概念の可能性もあります。空間を直接観測することはできず、必ずその中に粒子などを置くことでその性質が調べられます。一般相対性理論により、時空間も変化するという性質を持つことがわかりましたが、そういう性質も光や粒子や物質の運動などを通してのみ知ることができます。空間が3次元のように見えているのも、宇宙の実際の姿だというよりは、人間の論理的思考に必要なものだったのかもしれません。

人間は宇宙のすべてを一瞬にして把握することはできません。その論理的な思考形式には、宇宙全体の一部分を切り取って認識することが本質的のように見えます。時間1次元、空間3次元というこの時空間の構造も、本来の宇宙を忠実に反映したものではなく、人間の論理的思考を可能にする切り取り方のひとつにすぎない可能性もあります。

実際、ニュートン力学における時間や空間、物体の位置や速さ、物体間に働く力、などの物理的な概念は、日常生活から来る経験に照らし合わせて考えられました。しかし相対性理論や量子論においては、それらの概念を大きく考え直さなければならなくなりました。日常生活から得た直観的な思考方法が役に立たないことが示されたのです。

同じように、時間や空間の中に粒子や物質が存在するという、日常生活の経験とそれほど異ならない世界の認識の仕方も、将来の物理理論では考え直さなければならなくなっても不思議ではありません。そんな理論では、時間や空間や物質の存在、そして物理法則までも、人間の認識方法や論理的思考様式を離れて存在するものではないことが明らかになるかもしれません。

もしもこういうことが正しく、物理法則が人間の認識方法や思考様式に依存するものならば、人間原理やマルチバースを考えるそもそもの動機であった、宇宙の微調整問題に対する見方も変わってきます。微調整問題は、人間と関係のないはずの物理法則やそのパラメータがなぜ人間を生むように微調整されているかという問題でした。

しかし、物理法則が宇宙の一部を人間が切り取って認識している世界にだけ通用するものとすると、認識をする主体である人間を存在させるような法則しか見つかり得ません。人間の認識する世界にのみ通用する理論のパラメータは、人間を存在させるような値以外には選ばれようがなくなります。

5-18　未来へ向かって

さて、私たちはあまりにも遠くまで来すぎたようです。マルチバース、時間や空間の存在の意味、知的生命の宇宙における役割、これらの話題はまだ現在の物理学では実証の及ばない、完全に未知の領域です。いくつか考え方の例を挙げてきましたが、どれが正しいのかはわかりません。どれも正しくないかもしれません。

物理学の発展の歴史は、意外な発見の繰り返しでした。常識では考えられない発見は今後もなされていくでしょう。ちょうど相対性理論や量子論が宇宙の見方を大きく変えてしまったように、今後発見される未知の理論もそれを大きく変えてしまうことでしょう。あれこれ想像してみるのも楽しいものです。

物理学の基礎的な発見は、時間をかけて実用的な技術に応用され、私たちの生活の隅々に浸透します。相対性理論や量子論の原理は、携帯電話をはじめとするハイテク電化製品の中にふんだんに使われ、私たちの生活スタイルを支配するまでになっています。

遠い将来には、さらに進んだ理論が発見されて、もしかするとタイムマシンや遠方へ一瞬で移動できる装置が発明されているかもしれません。さらには平行世界を自由に行ったり来たりできたり、別の宇宙の住人と交信したり貿易したり、などと想像は膨らみます。

１００年後やそこらでは難しいかもしれませんが、もし人類が何百万年も存続してこの文明を発展させていくことができるのなら、そんな常識はずれの技術がいつか開発されてもおかしくはありません。

私たち人間の子孫があとどれくらい存続するかという問題について、プリンストン大学のリチャード・ゴットが面白い考察をしています。私たち人類はこれまで20万年も栄えてきました。しかし、人類が今後何億年も栄え続けることは極めてありそうにない、とゴットは言います。なぜなら、何億年も栄え続ける人類の歴史の中で、私たちがその最初のわずか20万年に生きている確率は極めて小さいから、という論理です。

ゴットは一般的に考えて、今あるものが今後も存続し続ける時間は、95パーセントの確率でこれまでに存続した時間の39分の1と39倍の間にある、と計算しました。

これを人類の存続期間に当てはめてみると、95パーセントの確率で、あと５１００年以上７８０万年以下である、ということになります。

この確率の計算には、人口の変化が考慮されていません。現在の人類の人口は20万年前とは比較にならないくらい多くなっています。すると、過去から現在までに現れる人間の多くは、ほとんどが現在近くに生きている人です。過去だけを見る限り、私たちが現在という時代に生きていることは不思議ではありません。

しかし地球上の人口が将来にわたって増えていくとすると、未来にずっとたくさんの人がいます。すると、未来に生まれずに現代に生きているという事実は、確率的にかなりありそうもないことになります。このため、人類の存続期間の見積もりは、大幅に下方修正しなければならなくなります。

人類の人口が現在あたりにピークを持っていて、今後は徐々に少なくなっていくということもあり得ます。過去から未来にわたって、現代の付近で人口が最も多くなっているなら、そこに私たちが生きていることも確率的に不自然ではありません。この場合、人類は細々と生き延びていくことになります。

この確率の議論に基づくと、地球人よりもはるかに多くの人口を持つ知的生命が他に存在する可能性も、かなり低くなります。もし過去から未来のどこかで、何千兆人もの宇宙人を含んだ文明がこの宇宙のどこかで栄えるとすると、私たちにとってそちらの文明の一員として生まれる確率のほうが、この地球上に生まれる確率よりもはるかに高くなります。そうではなく、私たちがこの地球上の人間として生まれたという事実は、これまでに地球上に生まれた人間の数よりも大幅に多くの知的生命を生む文明が存在する確率が極めて低いということを意味します。

人類が永遠に続いてほしいと誰もが願うと思いますが、この確率の議論が正しいとすると、それは極めてありそうにない、ということになります。この悲観的な運命を受け入れて、有限な時間を精一杯生きることが重要だと思うべきでしょうか。

しかし、あなたが今ここに生きているという事実が、そんな単純な確率の計算で推し量れるようなものなのかは、よくわかりません。これまでに宇宙に存在した、あるいはこれから存在するであろうすべての知的生命の中で、全くランダムに選ばれた一人があなたであるというのが、この確率の議論の前提です。

あなたというひとつの生命が、どういうわけで一人の人間としての自我を持った存在となっているのかがわからないので、この前提が正しいのかもよくわかりません。

人類は永遠に栄え続けることができるのか、それに確実な結論を出すことはやはり難しそうです。ここでもやはり、人間が宇宙を認識するとはどういうことなのか、という問題が現れています。それがわからないと、この確率の議論が成り立つのかどうかもわかりません。

宇宙の存在と人間の存在、その関係性はまだまだ知識の球のはるか先にあるようです。現在の物理学ではこの関係性について確実なことはわかっていませんが、いつかその正確な関係性すら明らかになる日が来ることを期待してもよいと思います。

近代物理学の歴史は、ガリレオやニュートン以来、たかだかまだ数百年にすぎません。その間に驚くほどいろいろな知識が得られ、知識の球が膨らんできました。その結果は当初想像もできなかったようなことばかりです。そしてその知識が私たちの生活スタイルを大きく変えました。

今後何百年、いや何万年、何百万年と同じように物理学を発展させることができれば、その先には想像もできないような人類の未来が待っていることでしょう。人間はいろいろと失敗も繰り返しましたが、それを反省して徐々によい社会を作ることができます。これを続けていくためには、この地球上の文明をできるだけ長く保っていくことが必要です。間違っても人類が自分自身を滅ぼしてしまうことがあってはなりません。文明を長く存続させることができれば、その先にこそ、無限の可能性が開けていくことでしょう。その可能性を信じたいと思います。

エピローグ

この宇宙を不思議に思う心は誰にとっても共通のものです。宇宙が存在しているという不思議、それはこの世の究極の謎です。現代宇宙論がどこまでこの謎に迫っているのか、本書では推測も交えながら述べてきましたが、いかがでしたか。謎が解決するどころか、ますます謎が深まっただけかもしれません。しかし、それはそれでよいと思います。本書の冒頭で強調したように、宇宙について知れば知るほど、そこにある謎は深まっていく宿命にあるからです。

謎に包まれた宇宙であるからこそ、宇宙は魅力的な存在でもあります。すべて解明されてしまって何の謎もない宇宙だったとしたら、それはとても味気ない宇宙に違いありません。

しかし、現実の宇宙は十分すぎるほどの謎に包まれていて、味気ないなどとはかけ離れたものです。それはある意味で幸福なことです。今後も、宇宙の謎が大いに私たちを楽しませ続けてくれることは、まず間違いありません。

20世紀終わりごろの宇宙論は、今よりも観測的にわかっていることが少なく、逆に、理論的にはその先行きについて楽観的な雰囲気がありました。インフレーション理論や量子宇宙論など、ごく初期の宇宙を対象にした研究が華々しく行われ、近いうちに宇宙のすべてを包括的に説明する理論が完成するかもしれない、とまで言われることがありました。

一方で、それまでには予想されていなかった宇宙の大規模な構造が発見されたり、宇宙マイクロ波背景放射の温度ゆらぎが観測衛星COBEにより初めて見つけられたりと、観測的にも大きな進展がありました。これにより、それまで定量性に乏しかった宇宙論は、一気に定量科学へと変貌を遂げていくことになります。

すると、それまでの理論主導の宇宙論にも変化が起こります。理論的に望ましいと思われていた宇宙の姿と、現実の宇宙の姿の間にギャップがあることが明らかになってきたからです。宇宙は、人間がそうあってほしいと思うようにはなっていませんでした。

例えば、当初のインフレーション理論では、ダークマターを含む物質がちょうど空間を平坦にする量だけ宇宙に存在する、と予言していました。そして、これが正しければ宇宙は美しく調和した姿をしている、と考えられていました。ところが、その期待はもろくも砕かれました。宇宙にある物質は、理論的に考えられていたよりも少ない量しかない、ということが観測により徐々に判明してきたためです。宇宙は思ったほどには美しくないようでした。

そして、理論と現実のギャップの中でも最大のものが、ダークエネルギーにまつわる問題です。理論的にダークエネルギーは極めて不自然なものであり、理論家は誰もそれが存在することを望んでいませんでした。実際、当時の宇宙論の教科書をひも解くと、ダークエネルギーを含まずに空間が平坦になる宇宙モデルが「標準宇宙モデル」と呼ばれています。

ダークエネルギーの一種であるアインシュタインの宇宙項は、古くから宇宙モデルに導入されて調べられてはいましたが、それが標準的な理論であると見なされてはいませんでした。ところが、宇宙の大規模構造に網の目のように複雑な泡構造が発見されると、それを当時の標準宇宙モデルで作り出すのは難しいことが判明しました。こうして、１９９０年代に入ると徐々に宇宙項入りのモデルにも興味が集まるようになってきました。

筆者はちょうどその頃から宇宙論研究の世界に入り、宇宙項が大規模構造に及ぼす影響を調べたり、宇宙項の有無を判定する方法を提案するなどの研究を行いました。当時は世界的に見て宇宙項にそれほどの人気はありませんでしたが、日本では比較的早くから宇宙項がある可能性を視野に入れた研究が行われていました。

本文でも述べたように、20世紀も押し迫った1998年、遠方超新星の観測により宇宙の加速膨張が示されました。これは大規模構造など他の観測よりも直接的に、宇宙項もしくはダークエネルギーの存在を指し示していました。そして、その後は宇宙項入りの宇宙モデルが古い標準宇宙モデルに取って代わり、現在に至っています。

不自然さに目をつむって宇宙項を認めれば、この改訂された標準宇宙モデルは観測をとてもよく説明します。このことにより、今後の宇宙観測によって得られるデータもこの標準宇宙モデルによりすべて説明がつき、あとは細かいパラメータを決定するようなつまらない仕事しか宇宙論には残されていないのではないか、という意見が聞かれることがあります。また、いずれは万物の理論が完成して、宇宙のすべてを理論的に説明することができるようになり、そして宇宙論の研究は終わってしまうのではないか、という楽観論とも悲観論ともつかないような意見が聞かれることすらあります。

しかし私はそのような意見を聞くたび、古典物理学で世界のすべてを説明できると信じられていた時代のことを思い起こします。人間というものは、現在起きていることがそのまま未来へと繋がっていくものだと予想する傾向にあります。専門的な言葉で言えば、「線形外挿」です。例えばいま何か成長しているものがあるとして、その成長の速さが未来にもずっと同じように続くと考えることです。

このような単純な未来予測がお粗末なものであることは、歴史が証明しています。今うまくいっていることがあるからといって、それが永遠に続くことはありません。いずれは行き詰まり、その先にはまた新しい何かが現れてきます。それが何かを前もって確実に予測することはできません。

その意味では、行き詰まりこそが次のステップへの扉を開いてきたともいえます。まさに、逆境とチャンスは表裏一体だということです。

19世紀の半ばまでには、ニュートン力学やマックスウェルの電磁気学などの古典物理学が確立し、宇宙で起きているすべてのことが、それらの理論に含まれるひと組の基本法則だけで説明できるかのように思われたこともありました。もしそうならば、宇宙の基本的な謎はほぼすべて解けてしまったことになり、あとは個別の物理現象を基本法則で説明していく作業しか残されていないことになります。なんと味気ない宇宙なのでしょうか。

もちろん、現実はそれとは全く違いました。相対性理論の登場により、物質世界だけを説明しても宇宙を説明したことにならず、時空間を含めてそれらを一体として説明しなければならないことがわかりました。そして量子論の登場により、直観的に把握していた私たちの世界観が大きく揺るがされたことは、本文でも述べてきた通りです。

1900年に物理学者のケルビン卿は、古典物理学の美しさと明快さには2つの雲がかかっていると言いました。それらは光と熱についての細かな問題にも見えたのですが、簡単に吹き払えるようなものではありませんでした。実際、それらの問題は相対性理論と量子論の登場を待ってようやく解決できるものだったからです。

古典物理学という古い世界観の空《そら》全体が、最初は小さくも見えたこの2つの雲によって完全に覆い尽くされ、その雲が晴れた後には現代物理学という全く新しい世界観の空が現れたのでした。そして、以前には見えなかった新しい地平がその空の先に見通せるようになりました。

それから100年あまり経ちました。現代物理学は様々な分野に応用されて大成功を収めています。普段はあまり意識しないかもしれませんが、コンピュータや携帯電話をはじめとして、私たちの便利な生活を支えている技術には、相対性理論や量子論が欠かすことのできない原理として使われています。もはや現代物理学の恩恵なしに現代社会は立ち行かない、と言っても過言ではありません。

それほどまでに成功している現代物理学ですが、宇宙自体を理解するという問題に向き合ったとき、私たちはそこにまたいくつもの雲がかかっていることを認めざるを得ません。その雲の中には、これまでの物理学の手法で吹き払えるものもあるかもしれませんし、あるいは空全体を覆い尽くしてしまうものがあるかもしれません。空全体にかかってしまった雲が再び晴れたとき、そこには私たちがまだ見たこともない、目も眩《くら》むような新しい宇宙観が眼前に広がっていくことでしょう。

最後に、筆者の考える「宇宙論の十大疑問」を列挙して、本書をおわりにしたいと思います。

①何がこの宇宙を始めたのか
②インフレーションは本当に起きたのか

③時間と空間の本質とは何か
④宇宙にはなぜ構造があるのか
⑤宇宙全体に量子論の原理を適用できるのか
⑥ダークマターの正体は何か
⑦ダークエネルギーの正体は何か
⑧人間原理に意味はあるのか
⑨この宇宙の他にも宇宙が存在するのか
⑩人間は真の宇宙の姿を理解できるのか

参考文献

アレックス・ビレンケン著、林田陽子訳『多世界宇宙の探検――ほかの宇宙を探し求めて』日経ＢＰ社、２００７年

コリン・ブルース著、和田純夫訳『量子力学の解釈問題』講談社ブルーバックス、２００８年

佐藤勝彦著『宇宙論入門――誕生から未来へ』岩波新書、２００８年

Ｊ・リチャード・ゴット著、林一訳『時間旅行者のための基礎知識』草思社、２００３年

千葉剛著『宇宙を支配する暗黒のエネルギー』岩波書店、２００３年

ニール・Ｆ・カミンズ著、竹内均監修、増田まもる訳『もしも月がなかったら――ありえたかもしれない地球への10の旅』東京書籍、１９９９年

フレッド・アダムズ、グレッグ・ラフリン著、竹内薫訳『宇宙のエンドゲーム――誕生《ビッグバン》から終焉《ヒートデス》までの銀河の歴史』ちくま学芸文庫、２００８年

ポール・デイヴィス著、木口勝義訳『宇宙の量子論』地人選書、１９８５年

ポール・デイヴィス著、吉田三知世訳『幸運な宇宙』日経ＢＰ社、２００８年

ミチオ・カク著、斎藤隆央訳『パラレルワールド――11次元の宇宙から超空間へ』ＮＨＫ出版、２００６年

レオナルド・サスキンド著、林田陽子訳『宇宙のランドスケープ――宇宙の謎にひも理論が答えを出す』日経ＢＰ社、２００６年

謝辞

東京大学教授の土居守氏には、共著書『宇宙のダークエネルギー――「未知なる力」の謎を解く』（光文社新書）の共同執筆を通じて、本書の出版のきっかけを作っていただきました。また、前著に引き続いて本書を担当していただいた光文社の小松現氏には、出版までのあらゆる面でご助言とご努力をしていただきました。さらに、名古屋大学の学生さんたちとのやりとり、特に物理学を専攻していない学生さんたちの発した宇宙に関する素朴な疑問は、この本を書くうえでとても有益でした。

お世話になった皆様に深く感謝します。

２０１２年１月

松原隆彦

松原隆彦（まつばらたかひこ）
1966年長野県生まれ。名古屋大学素粒子宇宙起源研究機構・准教授。京都大学理学部卒業。広島大学大学院理学研究科博士課程修了。博士（理学）。かつて広島県竹原市にあった広島大学理論物理学研究所に、最後の大学院生として所属。東京大学大学院理学系研究科・助手、ジョンズホプキンス大学物理天文学科・研究員、名古屋大学大学院理学研究科・助教授などを経て、現職。著書に『現代宇宙論――時空と物質の共進化』（東京大学出版会）、『宇宙論Ⅱ――宇宙の進化』（共著、日本評論社）、『宇宙のダークエネルギー――「未知なる力」の謎を解く』（共著、光文社新書）がある。

宇宙《うちゅう》に外側《そとがわ》はあるか

2012年2月20日初版1刷発行
2012年3月10日　2刷発行

著　者――松原隆彦
発行者――丸山弘順
装　幀――アラン・チャン
印刷所――萩原印刷
製本所――ナショナル製本
発行所――株式会社光文社
東京都文京区音羽1-16-6（〒112-8011）
http://www.kobunsha.com/
電　話――編集部03(5395)8289　書籍販売部03(5395)8113
業務部03(5395)8125
メール――sinsyo@kobunsha.com

 ISBN 978-4-334-03667-6

544
上野先生、勝手に死なれちゃ困ります
僕らの介護不安に答えてください
上野千鶴子
古市憲寿
『おひとりさまの老後』を残し、東大を退職した上野千鶴子に残された教え子・古市憲寿が待ったをかける。親子の年齢差の2人の対話をきっかけに若者の将来、この国の老後を考える。
978-4-334-03647-8

545
手塚治虫クロニクル 1946～1967
手塚治虫
'46年のデビューから'67年までの傑作選上巻。「鉄腕アトム」「ジャングル大帝」など代表作とともに若き日の初々しい作品が味わえる。'68年以降の下巻に続く。
978-4-334-03648-5

546
個人美術館の愉しみ
赤瀬川原平
個人美術館とは、一人の作家だけの美術館と、一人のコレクターによって作り上げられた美術館のこと。日本全国にある、魅力ある個人美術館を厳選。赤瀬川さんが紡ぐ46の物語。
978-4-334-03649-2

547
官僚を国民のために働かせる法
古賀茂明
官僚よ、省益ばかり優先したり、天下りポストの確保に奔走せずに今こそ「公僕意識」を取り戻せ！――霞が関を去った改革派官僚の旗手が満を持して立言する、日本再生の真の処方箋。
978-4-334-03650-8

548
男の一日一作法
小笠原敬承斎
相手を思う気持ちを先(遠く)へ先へと馳せることで、おのずとふるまいは美しくなる。この「遠慮」のこころを、訪問、食事、冠婚葬祭、服装、行動など、日常の作法を通して身につける。
978-4-334-03651-5

549
泣きたくないなら労働法
佐藤広一

働く人を守る法律・労働法には、知って得する情報が詰まっています。経営者も、労働者も、不安な時代に泣き寝入りしないための、ポイントを押さえたコンパクトな労働法入門。

978-4-334-03652-2

550
1勝100敗！あるキャリア官僚の転職記
大学教授公募の裏側
中野雅至

倍率数百倍の公募突破に必要なのは、コネ？　実力？　それとも運？　本邦初、大学教員公募の実態をセキララに描く。非東大卒キャリア官僚による、トホホ公募奮戦記。

978-4-334-03653-9

551
手塚治虫クロニクル1968～1989
手塚治虫

'68年～'89年の傑作選〝下巻〟。「ブラック・ジャック」「アドルフに告ぐ」や、絶筆となった「ルードウィヒ・B」を収録した豪華な一冊。上巻と合わせてテヅカがまる分かり！

978-4-334-03654-6

552
エリック・クラプトン
大友博

英国生まれの白人でありながらブルースを追い求め、多くの名作を残してきたクラプトン。長年取材を重ねてきた著者が、伝説のギタリストの実像と、その音楽世界の魅力に迫る。

978-4-334-03655-3

553
下流社会　第3章
オヤジ系女子の時代
三浦展

映画鑑賞よりお寺めぐり、イタリアンより居酒屋に誘われたい、影響を受けやすいのは彼の趣味より父親の趣味……。そんな男性化した女子の趣味・関心から、消費社会を分析する。

978-4-334-03656-0

554
「ヤミツキ」の力
廣中直行　遠藤智樹
やみつきとは元来は病だが、アスリートの巧みな動きや職人の技などはやみつきの賜物とも言える。本書ではやみつきを前向きに捉え、最新の科学からその可能性に迫る！
978-4-334-03657-7

555
新書で名著をモノにする
平家物語
長山靖生
無常と普遍、栄光と没落――人間のたくましさ、バカさを学ぶ最高のテキストを、末世のような現代に読み直す試み。登場人物を立場・身分に分け、その心の動きを眺めつつ読み解く。
978-4-334-03658-4

556
西洋音楽論
クラシックに狂気を聴け
森本恭正
日本におけるクラシック音楽の占める位置は何処にあるのか。クラシック音楽の本質とは何か。作曲家・指揮者としてヨーロッパで活躍してきた著者が考える、西洋音楽の本質。
978-4-334-03659-1

557
ご老人は謎だらけ
老年行動学が解き明かす
佐藤眞一
なぜキレやすい？　なぜいつまでも運転したがる？　なぜ妻と死別した夫は再婚したがる？――一見「わけのわからない」老人の心理・行動を、老年行動学の第一人者が解明する！
978-4-334-03660-7

558
官邸から見た原発事故の真実
これから始まる真の危機
田坂広志
事故直後の3月29日から5か月と5日間、内閣官房参与を務めた原子力工学の専門家が、緊急事態において直面した現実と、極限状況で求められた判断とは？　緊急出版！
978-4-334-03661-4

559
円高の正体
安達誠司
日本の景気を悪くしている2つの現象「円高」と「デフレ」。なぜ、この流れは止められないのか？　ニュースや専門家の解説では見えにくい経済現象の仕組みを一冊でスッキリ解説。
978-4-334-03662-1

560
IFRSの会計
「国際会計基準」の潮流を読む
深見浩一郎
会計の形が大きく変わる——。現在、会計のボーダーレス化が世界で進んでいる。企業会計の問題とは？「基準を制する者が世界を制する」。EU・アメリカの思惑と日本の選択肢。
978-4-334-03663-8

561
アホ大学のバカ学生
グローバル人材と就活迷子のあいだ
石渡嶺司　山内太地
ツイッターでカンニング自慢をしてしまう学生から、グローバル人材問題まで、日本の大学・大学生・就活の最新事情を掘り下げる。廃校・募集停止時代の大学「阿鼻叫喚」事情。
978-4-334-03664-5

562
子どもが育つ玄米和食
高取保育園のいのちの食育
西福江　高取保育園
「子どもはお子様ランチに象徴されるような味の濃い食べ物が好き」。そんな固定観念を覆し、大人が驚くほどの本物志向を教え続ける高取保育園。その食理念と実践法を紹介する。
978-4-334-03665-2

563
最高裁の違憲判決
「伝家の宝刀」をなぜ抜かないのか
山田隆司
法令違憲判決の数、64年間でわずか8件——。最高裁は〝伝家の宝刀〟違憲審査権を適切に行使してきたのか？　歴代の最高裁長官の事績を追いながら、司法の存在意義を問い直す。
978-4-334-03666-9

564
宇宙に外側はあるか
松原隆彦

この宇宙は奇妙な謎に満ち溢れている。いま、宇宙の何がわかっているのか？　宇宙の全体像とは？　宇宙の「外側」とは？　現代宇宙論のフロンティアへと旅立つ一冊。

978-4-334-03667-6

565
政治家・官僚の名門高校人脈
横田由美子

国会で丁々発止を繰り広げる議員どうしが、実は高校の同級生だったりする。議員や官僚の出身高校に着目すれば、日本のエスタブリッシュメントたちのネットワークが見えてくる。

978-4-334-03668-3

566
絶望しそうになったら道元を読め！
『正法眼蔵』の「現成公案」だけを熟読する
山田史生

わずか2500字に込められた、日本仏教思想史の最高峰・道元の禅思想のエッセンス。修行に、人生にくじけそうな者に、どんなメッセージを投げかけているのか。1冊かけて読む。

978-4-334-03669-0

567
おひとり温泉の愉しみ
山崎まゆみ

ハードルが高いと思われがちな「おひとり温泉」の極意を伝授。「ひとりで食事をするのは……」「時間を持て余しそう」──小さなものから大きなものまで、疑問に答えます。

978-4-334-03670-6

568
極みのローカルグルメ旅
柏井壽

麺、ご飯もの、居酒屋巡り。全国を食べ歩いた著者が、世にも不思議なご当地限定グルメから、しみじみ美味い絶品料理まで明かす。「日本には、こんなに美味いものがあったんだ」

978-4-334-03671-3